U0172213

Modelica
语言导论
技术物理系统建模与仿真

INTRODUCTION TO MODELING AND SIMULATION OF
TECHNICAL AND PHYSICAL SYSTEMS WITH MODELICA

[瑞典] Peter Fritzson　著

周凡利　译

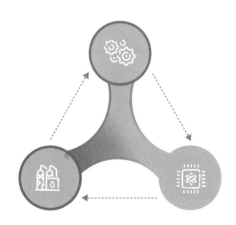

华中科技大学出版社
中国 · 武汉

内容提要

  Modelica 是一种全新的面向对象的软硬件建模语言，Modelica 语言为机械、电气、控制和热动力学等应用领域提供了通用的语法符号、强大的模型抽象和有效的仿真实现能力。基于 Modelica 语言以及相关技术，本书介绍了一种基于组件的面向对象建模方法，从而帮助读者快速掌握基于方程和面向对象的数学建模与仿真技术基础。本书阐述了用 Modelica 建模仿真的各个方面，同时，也通过建模仿真示例解释了 Modelica 语言的大量关键概念。

  本书由开源 Modelica 联盟负责人编写，目标读者是对计算机辅助设计、建模、仿真以及技术与自然系统分析感兴趣的工程师和学生。本书是学习建模、仿真与面向对象技术的理想教材。

图书在版编目（CIP）数据

Modelica 语言导论：技术物理系统建模与仿真/（瑞典）彼得·弗里兹森（Peter Fritzson）著；周凡利译. —武汉：华中科技大学出版社，2020.9

  ISBN 978-7-5680-6427-9

  Ⅰ.①M⋯ Ⅱ.①彼⋯ ②周⋯ Ⅲ.①物理学-系统建模 ②物理学-计算机仿真 Ⅳ.①O4-39

中国版本图书馆 CIP 数据核字(2020)第 157980 号

湖北省版权局著作权合同登记 图字：17-2020-135 号

Modelica 语言导论——技术物理系统建模与仿真   （瑞典）彼得·弗里兹森（Peter Fritzson）著
Modelica Yuyan Daolun——Jishu Wuli Xitong Jianmo yu Fangzhen   周凡利 译

策划编辑：周芬娜   责任编辑：徐定翔   责任监印：徐 露
出版发行：华中科技大学出版社(中国·武汉)   电 话：(027)81321913
     武汉市东湖新技术开发区华工科技园   邮 编：430223
录 排：华中科技大学惠友文印中心   印 刷：湖北新华印务有限公司
开 本：710mm×1000mm 1/16
印 张：14 插页：2
字 数：210 千字
版 次：2020 年 9 月第 1 版第 1 次印刷
定 价：56.90 元

本书若有印装质量问题，请向出版社营销中心调换
全国免费服务热线：400-6679-118 竭诚为您服务
版权所有 侵权必究

译序

1997 年 Modelica 规范 1.0 的发布是数字化技术发展史上的里程碑事件，标志着建模仿真从专业级、部件级进入了跨学科、多领域的系统级，为多领域物理系统建模奠定了统一的形式表达。历经 20 多年发展，Modelica 已经广泛应用于航空、航天、车辆、能源、教育等各行各业，成为系统级仿真的事实国际标准，法国达索、德国西门子、美国 ANSYS、美国 ALTAIR、法国 ESI 等知名国际工业软件公司纷纷在通过支持 Modelica 后，从单专业、零部件仿真走向全领域、全系统仿真。

早期 Modelica 规范只有一百多页，但它是面向对象多领域物理统一建模技术几十年的精华。好的规范就是时代技术的浓缩，Modelica 跟 IC 规范 VHDL 一样是这样的典型。Modelica 的发展最早可以追溯到 1967 年推出的连续系统仿真语言 CSSL，1978 年 Hilding Elmqvist 在其博士论文中提出了面向对象的物理建模语言雏形 Dymola，这是 Modelica 的核心来源之一。从 20 世纪 70 年代到 90 年代，欧洲出现了十多种物理建模语言，1997 年欧洲仿真界综合多种物理建模语言推出了多领域统一建模语言 Modelica。Modelica 现已成为国际物理建模事实标准。

Modelica 归纳了机、电、液、控、热等各学科的工程物理统一原理，使得不同学科可以采用统一的数学表达、统一的模型描述、统一的建模模式来实现统一建模与仿真。Modelica 综合了先前多种建模语言的优点，支持面向对象建模、非因果陈述式建模、多领域统一建模及连续-离散混合建模，以微分方程、代数方程和离散方程为数学表示形式。

Modelica 的内涵非常丰富，要全面了解和掌握 Modelica，需要从外延和内涵两个角度把握。从外延讲，需要了解系统、建模、仿真的基本概念，了解建模与仿真在产品研制中是怎么应用的；从内涵讲，要了解系统建模的方法，熟悉 Modelica 语言的基本语法语义和应用规则。本书从外延和内涵这两个角度对 Modelica 进行了介绍，特别适合作为 Modelica 的入门教材。

作者 Peter Fritzson 教授是 Modelica 技术的奠基人之一，长期担任 Modelica 协会副主席，是 Modelica 规范 3.0 版本的主要撰稿人，创立了开源 Modelica 联盟，主持开发了 OpenModelica 系列软件，近二十多年来一直致力于 Modelica 技术的发展与推广。本书是作者另一本 Modelica 百科全书式专著《Principles of Object-Oriented Modeling of Simulation with Modelica3.3》的入门版，针对初学者系统阐述建模仿真的基本概念、应用场景和 Modelica 基本知识及应用案例。

本人从 2001 年起一直致力于 Modelica 技术研究、产品开发及工程应用，是国内 Modelica 研究第一批拓荒者。新世纪初初识 Modelica，即认为 Modelica 为工程世界构筑了一个模型表达与互联的基础，是中国工业系统设计软件创新发展的历史机遇，前景广阔。拥有自主的 Modelica 编译器、分析器和求解器是中国发展自主可控的 Modelica 技术体系的前提，为此作为中国 Modelica 技术研究团队主要成员，自 2001 年起开展了 7 年技术研究，并于 2008 年作为主要创始人之一发起成立了苏州同元软控信息技术有限公司，2009 年同元软控推出完全自主的系统建模仿真软件 MWorks，并先后应用于大型飞机、航空发动机、空间站、嫦娥工程、火星探测、大型运载火箭、核能动力等重大型号工程。目前 MWorks 已成为国际六大 Modelica 技术平台之一，中国籍此实现了 Modelica 技术的自主可控。

本书英文原版出版较早，当时 Modelica 规范主要版本为 3.2，目前 Modelica 规范最新版本为 3.4，本书主要介绍 Modelica 基础知识，Modelica 规范从 3.2 到 3.4，这些基础知识没有变化，所以本书仍是入门 Modelica

的合适教材。读者如果想更深入学习 Modelica，可以直接阅读 Modelica 规范 3.4（Modelica 官网可下载）或参阅 Peter Fritzson 教授的另一本专著《Principles of Object-Oriented Modeling of Simulation with Modelica 3.3》。

本书示例使用的 Modelica 工具环境是 OpenModelica 和 OMNotebook，所有示例都可在上面运行，同时也可以下载苏州同元软控信息技术有限公司出品的系统建模仿真软件 MWorks.Sysplorer，作为本书案例的实操环境。

本书翻译是多人合作的成果，周凡利负责全书翻译统筹策划，刘炜完成了本书的初译，黄堃进行了初次校对，其后组织苏州同元软控信息技术有限公司周斌、刘志会、张彤晖、周王睿彬、杨勇杰等同仁和中国运载火箭技术研究院唐俊杰博士对全稿进行了重译再校，其中前言、致谢和第 1 章由周斌负责，第 2 章由唐俊杰和刘志会负责，第 3 章由刘志会负责，第 4 章由唐俊杰负责，第 5 章由张彤晖负责，附录 A 由周凡利负责，附录 B、C 由周王睿彬负责，附录 D 由杨勇杰负责，全书图表由唐俊杰负责，唐俊杰和周凡利对全书进行了精校。在此对参与本书翻译和校对的所有人员表示衷心感谢。特别感谢华中科技大学出版社编辑对于本书翻译出版的精心指导。

Modelica 被誉为工程师的 JAVA，作为与 C\C++\FORTRAN\JAVA\VHDL-AMS\Verilog-AMS 并存的完备语言，它是基于模型的系统工程、数字孪生及数字工程生态重要的使能技术，对当下中国工业的数字化转型与工业软件的发展具有特别意义。Modelica 先进技术方法与中国庞大的工程需求相结合，必将推动中国工业系统软件及生态的发展壮大。

最后敬请各位专家、同仁、读者不吝指正。

周凡利博士
苏州同元软控信息技术有限公司
2020 年 8 月 25 日苏州

前言
Preface

　　本书讲解建模和仿真的基本概念，为熟悉基本编程概念的读者介绍 Modelica 语言，同时针对初学者，对建模和仿真的概念以及面向对象和基于组件的建模基础做基本介绍。本书有四个目标：

- 成为建模与仿真导论课程的实用教材。
- 为初学者深入浅出地讲解建模、仿真和面向对象的知识。
- 对物理建模、面向对象建模和基于组件建模等概念进行基本介绍。
- 演示精心选择的应用领域建模示例。

　　本书包含若干不同领域的建模示例，也包含多领域的建模示例。书中的全部实例和练习都能在电子自学材料 DrModelica 中找到。DrModelica 的内容基于本书以及内容更丰富的《Principles of Object-Oriented Modeling of Simulation with Modelica 2.1》（Fritzson，2004）。DrModelica 指导读者逐步从易到难地进行实例的学习和练习。部分 DrModelica 教学材料的内容可以免费从网站 www.openmodelica.org 下载，网站上还有本书的其他资料。

致谢

Modelica 协会的成员创建了 Modelica 语言，并在《Modelica 语言基本原理》和《Modelica 语言规范》（参见 http://www.modelica.org）中贡献了许多 Modelica 编码示例，作者在本书中也使用了其中的一些例子。下文中将提到这些为 Modelica 的各版本做出贡献的成员。

首先，感谢我的妻子 Anita 在写作过程中给予的支持和宽容。

特别感谢 Peter Bunus 在模型示例、图例、文本格式方面的帮助以及启发性的研讨。非常感谢 Adrian Pop、Peter Aronsson、Martin Sjölund、PerÖstlund、AdeelAsghar、Mohsen Torabzadeh-Tari 以 及 所 有 为 OpenModelica 编译器和系统做出贡献的工作人员，感谢 Adrian 使得 OMNotebook 工具最终得以运行。非常感谢 Hilding Elmqvist 分享了他对陈述式建模语言的愿景，感谢他邀请组建了设计团队进行 Modelica 开创性的设计工作并担任了 Modelica 协会的第一任主席，感谢他的热情和在 Modelica 设计方面作出的大量贡献，包括对统一类概念的推动。同时感谢 Hilding Elmqvist 对资料组织方面（包括发现方程的历史资料）的启发。

非常感谢 Martin Otter 担任 Modelica 协会的第二任主席。感谢他的热情和活力，感谢他在 Modelica 设计和 Modelica 库方面的贡献，同时也感谢他对本书资料准备的启发，在其启发下，本书第 5 章从《Modelica 语言规范》中引用了关于 Modelica 库的两个表和一些文本。感谢 Jakob Mauss 做了第一版的词汇表，以及 Modelica 协会成员在此基础上做的进一步改进工作。

非常感谢 Eva-Lena Lengquist Sandelin 和 Susanna Monemar 在练习方面的工作，感谢她们准备了第一版的 DrModelica 交互式笔记本型教学材料，这使得书中的例子更便于交互式的学习和实验。

感谢 Peter Aronsson、Jan Brugård、Hilding Elmqvist、Vadim Engelson、Dag Fritzson、Torkel Glad、Pavel Grozman、Emma Larsdotter、Nilsson、

Håkan Lundvall 以及 Sven-Erik Mattsson 对书中各部分建设性的评论。感谢 Hans Olsson 和 Martin Otter 编写了最新版本的 Modelica 规范。感谢所有 PELAB 成员以及 MathCore Engineering 员工的意见和反馈。

Peter Fritzson
瑞典林雪平
2011 年 5 月

目　录
Table of Contents

第 1 章

概论

Basic Concepts

计算机给科学和工程领域带来了革命性的变化。借助计算机，工程师能够创造复杂的工程设计，例如航天飞机；借助计算机，科学家能够计算宇宙在大爆炸后一秒之内的特性。但是我们并不满足于目前的科学成就。我们想要创造更复杂的设计，比如更先进的飞船、汽车、药物和智能手机系统等，我们想要更深入地认识它们的本质。这只是计算机建模与仿真应用的部分案例，我们需要更强大的工具和思想来处理日益复杂的系统问题，而这正是本书的内容。

本书介绍一种基于组件和面向对象的方法，通过功能强大的 Modelica 语言及其相关技术进行计算机辅助数学建模与仿真。Modelica 应用领域广泛，不仅提供了通用的建模符号，同时也具备强大的抽象能力和高效的实现方式，是一种高级计算建模与仿真通用方法。本书的前两章对主要围绕以下两个主题进行简要概述：

- 建模与仿真
- Modelica 语言

这两个主题联系紧密，因此放在一起讲述。本书将 Modelica 作为解释各种建模与仿真概念的载体。同时，也通过建模与仿真的实例介绍了一系列 Modelica 语言的概念。本书第 1 章介绍基本概念，例如**系统、模型**和**仿真**。第 2 章快速浏览 Modelica 语言及其示例，中间穿插面向对象的数学建模等相关知识。第 3 章介绍 Modelica 类的概念。第 4 章介绍连续、离散和混合系统的建模方法。第 5 章介绍 Modelica 标准库的和目前可用的一系列应用领域的 Modelica 模型库。最后有两个附录是利用 Open Modelica 电子图书工具 OMNotebook 进行文本建模和简单的图形建模的例子。

1.1 系统和试验

系统是什么？我们已经提到一些系统，如宇宙、航天飞机等。一个系统几乎可以是任何事物。一个系统可以包含子系统，而子系统本身也是系统。关于系统的一个合理的定义是：

● 系统是我们要研究其属性的一个对象或者一组对象的集合。

在这个定义中，核心是我们希望研究对象的特定属性。"研究"尽管是主观的，却是有意义的。同时，必须紧密围绕系统使用的目的来选择和定义一个系统的构成。

为什么要研究一个系统呢？这个问题有许多答案，但主要有两种动机：

● 从工程角度来看，通过研究一个系统来理解它，最终是为了建造系统。

● 从自然科学的观点来看，是为了满足人类的好奇心，例如，更多地了解大自然。

1.1.1　自然系统和人工系统

根据前面我们对系统的定义，一个系统可以自然产生，如宇宙；也可以是人造的，如航天飞机；或两者的混合，例如，图 1.1 所示的利用太阳能采暖加热自来水的房屋是一种人工系统，即人类制造的，如果系统还包括光照和云，它就变为自然和人造组件的组合。

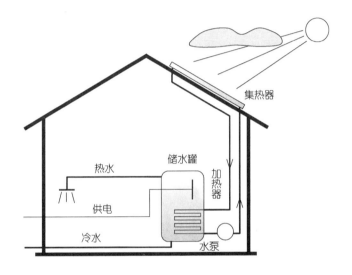

图 1.1　一个由太阳能热水器、房屋、云和太阳光照构成的系统

哪怕一个系统是自然产生的，对它的定义也始终具有高度可选择性。来自 Ross Ashby 著作（1956，第 39 页）的引文中明确表达了该观点：

　　　在此处，我们必须明确一个系统是如何被定义的。人们第一直觉一般会冲动地指着一个单摆，然后说那玩意儿就是一个系统。然而这种定义方法有一个根本的缺点：每一个实物对象都包含了无穷多的变量，也就意味着，可能对应了若干个不同意义上的系统。真正的单摆不是只有长度和位置，它也包含了质量、温度、电导率、晶体结构、化学杂质、放射性、速度、反射功率、拉伸强度、水分表面薄膜、细菌污染、光吸收、弹性、形状和比重，等等。研究一个事物所有要素是不切实际的，而实际上这类尝试也从未达成过。我们应该挑选和研究与所关注目标相关的那些因素。

即使该系统是完全人工的，如图 1.2 所示的移动电话系统，对它的定义也具有高度的可选择性，这取决于当前我们想要研究哪些方面。

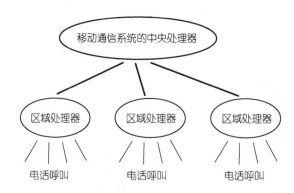

图 1.2　移动通信系统由一个中央处理器和多个分布式区域处理器协作处理电话呼叫

系统的重要特性之一是可观测性。除了诸如宇宙这般的巨型自然系统外，很多系统还具有可控性，即可以通过输入影响其行为，亦即：

● 系统**输入变量**是指影响系统行为的外部变量，这些输入有些可控，有些不可控。

● 系统**输出变量**是指由系统决定的变量，并可能影响系统周围的环境。

在许多系统中同一个变量既是输入又是输出。如果变量之间的关系或相互影响不具有因果方向，我们称为非因果行为。非因果行为可通过方程描述，例如，在机械系统中，来自环境的各种作用力会影响对象的位移，另一方面，对象的位移反过来会影响对象与环境之间的各种作用力。此时，如何定义输入和输出主要由观察者根据所关注的研究目标来选择确定，而非系统的自身特征决定。

1.1.2 试验

根据我们对系统的定义，为了对其进行研究，可观测性是必要的。我们至少要能够观察系统的一些输出。如果能够通过控制输入来反复操作系统，那么我们就能够了解更多的系统特征。这个过程称为**试验**。

● 试验是通过反复操作系统输入而从系统中提取信息的过程。

要在系统上进行试验，系统必须具有可控性和可观测性。我们将一系列外部条件施加到可访问的输入上，通过测量可访问的输出来观察系统反应。

试验方法的缺点之一是对很多系统而言，部分输入是不可访问和不可控的。不可访问的输入会影响这些系统，也被称为**干扰输入**。同样，很多场景下许多非常有用的输出无法被测量，这些输出有时候称为系统的**内部状态**。还有一些与开展试验相关的实际问题，例如：

● 试验成本**高昂**。建造船舶并通过撞击试验来研究其耐用性是一种非常昂贵的信息获取方法。
● 试验**危险**性高。为了培训核电站操作者处理危险情况，而让原子能反应堆进入危险状态，这显然是不明智的。
● 试验所需的**系统尚不存在**。正在设计或建造的系统无法开展试验。

试验方法的缺点让我们把目光投向了模型。如果我们构造一个足够真实的系统模型，对此模型进行研究，就可以回答有关实际系统的许多问题。

1.2 模型的概念

根据前面系统和试验的定义，我们现在尝试定义模型的概念：

● 系统的**模型**是可以进行"试验"的任何事物，目的是解答有关**系统**的问题。

这意味着在**真实**系统上**没有**做试验的情况下，模型可以用来回答有关系统的问题。实际上，我们对模型进行简化的"试验"，模型反过来又可以被视为一种反映真实系统性质的简化系统。在最简单的情况下，一个模型只是用来回答有关系统问题的一条信息。

根据这个定义，任何模型也是一个系统。和系统一样，模型本质上是分层的。去掉模型的一部分，它就变成了一个新模型，新模型的有效试验是原始模型有效试验的子集。模型总是与它模拟的系统和适用的试验相联系。如果不提相关系统和试验，诸如"系统的模型无效"的论断是没有意义的。一个系统的模型可能对于一个试验有效，却对另一个试验无效。模型确认（见 1.5.3 节）在本书中是指将要进行的一个或一类试验。

模型根据表示方式分为不同的类型：

● **心智**模型：用于帮助我们回答在各种情况下某个人行为的一套描述，例如"一个人是可靠的"。

● **语言**模型：这种模型用文字表达。例如，语句"如果增加速度限制，将会发生更多的事故"是一个语言模型的例子。专家系统是一种使语言模型形式化的技术。

● **物理**模型：是用于模拟真实系统某些特性的物理实体，用于帮助我们回答有关该系统的问题。例如，在设计诸如建筑物、飞机等的产品时，通常会构造与要研究的实际对象形状和外观相同的缩小版物理模型，用于考虑如空气动力特性和设计美感等问题。

● **数学**模型：将系统变量之间的关系采用数学形式表达的一种系统描述形式。变量是可测量的量，如大小、长度、重量、温度、失业水平、信息流和比特率等。从这层意义上来说，大多数自然规律都是数学模型。例如，欧姆定律描述电阻、电流和电压三者之间的关系；牛顿定律描述速度、加速度、质量和力之间的关系等。

本书处理的模型主要是以各种方式表示的数学模型，例如公式、函数、计算机程序等。在计算机中利用数学模型表示的人工产品通常被称为**虚拟样机**。构建和研究这些模型的过程称为**虚拟样机化**。如果在计算机中对物理系统进行数学建模时，能够像真实物理模型那般构造与集成，那么数学建模也可以称之为**物理建模**。

1.3 仿真

前面的章节提到有可能采用模型取代对应的真实物理系统进行试验。这实际上是模型的主要用途之一，用专用词**仿真**（simulation）表示，出自拉丁文 simulare，意思是模拟。仿真的概念定义如下：

● 仿真是在模型上进行试验。

与模型的定义类似，仿真并不一定要求模型以数学或计算机程序的形式表示。然而，本书将聚焦于数学模型，尤其是那些以计算机形式表达的模型。以下是试验或仿真的几个例子：

● 工业过程的仿真，如钢或纸浆制造，为了改进制造过程，了解在不同操作条件下的行为。

● 运输设备行为的仿真，例如，一辆汽车或一架飞机的行为仿真，为操作员提供逼真的培训。

● 分组交换计算机网络简化模型的仿真，为了改进性能，了解不同负荷下的行为。

认识到仿真的**试验描述**和**模型描述**在概念上是独立的部分很重要。另一方面，尽管仿真的这两个方面是独立的，但是它们也彼此联系。例如，一个模型只对特定的一类试验是有效的。因此有必要定义与模型相关的试验框架，以明确开展有效试验所需要满足的条件。

如果数学模型在计算机中以可执行程序的方式来表达，那么可以通过**数值试验**来执行仿真，某些非数值的场景下，则通过**计算试验**进行。这是一种简单和安全的执行试验的方式，并具有额外的优势，即实质上模型的所有变量都是可观测的和可控的。而仿真结果的价值则完全取决于模型在多大程度上能够反映真实系统问题。

除了试验，仿真是唯一能够普遍适用于任何系统的行为分析的技术。分析技术比仿真更好，但通常只能在一系列简化的假设下应用，而这些假设往往不合理。另一方面，经常将分析技术与仿真相结合，即并不单独使用仿真，而是与分析或半解析技术相互配合。

1.3.1　仿真的必要性

有许多很好的理由来进行仿真，而不是在真实系统上进行试验：

● 试验过于**昂贵**、过于**危险**，或者被试验的系统**尚不存在**。这些是对真实系统进行试验的主要困难，前面的 1.1.2 节已提到。

● 系统动力学的**时间尺度**与试验者的不匹配。例如，需要几百万年的时间来观察宇宙演变中很小的变化，而类似的变化可以在宇宙的计算机仿真中快速观察到。

● 变量可能**无法访问**。在仿真中所有的变量都能被研究和控制，即使是那些在真实系统无法访问的变量。

● 模型易于**操控**。采用仿真，容易操控系统模型中的参数，甚至在特定物理系统的可行域外操控参数。例如，在计算机仿真模型中，通过敲一下键盘可以将物体质量从 40 kg 增加到 500 kg，而这种变化在物理系统中可能是难以实现的。

● **抑制干扰**。在模型的仿真中，可以抑制在真实系统测量中可能无法避免的干扰。这使得我们隔离某些特定影响因素，从而更好地理解它们。

● **抑制二阶效应**。通过执行仿真来抑制二阶效应，如小的非线性或某些系统组件的其他细节，可以帮助我们更好地理解主要影响因素。

1.3.2 仿真的不足

仿真的易用性是把双刃剑：它同时也很容易让用户忘记仿真有效性的限制和条件，从而得出错误的结论。为了减少错误，用户始终都应当将模型仿真中的至少一部分结果与实际系统试验的结果进行对比。以下是三种常见的仿真问题：

● 对模型情有独钟——皮格马利翁效应①：过于热衷于模型，而忘掉了试验框架的要求。模型并不是实际的世界，只能在特定的条件下表示实际系统。在澳大利亚大陆，人们为解决兔子问题而引进狐狸就是一个例子，在模型假设中，狐狸捕食兔子，在世界上其他地方也的确如此。很不幸，狐狸在当地发现了更容易捕食的猎物，基本上忽略了兔子。

● 强迫现实来"符合"模型约束——普罗克汝斯忒斯效应②：举一个例子，依照目前主流的经济学原理对我们的社会进行塑形，可是，经济学原理本身是个简化模型，忽略了人类行为、社会和自然等许多其他重要方面。

● 忽视了模型的精确度：所有的模型都具有简化的假设，我们必须

---

① Pygmalion 是塞浦路斯神话中的国土，也是一位雕塑家。国王爱上了他的一件作品，一个年轻女子的雕塑，并请求神让她活着。

② Procrustes 是希腊神话中有名的强盗。他以通过床来折磨落入他手中的旅行者而闻名：如果受害者太矮，他会拉伸受害人的胳膊和腿，直到这个人适合床的长度；如果受害者太高，他会砍掉受害人的头部和一部分腿部。

时刻意识到这点，才能正确地解释仿真结果。

仿真结果只对一组特定的输入数据有效。许多仿真只能提供对系统的大致理解。而尽管分析技术通常更加局限，其应用领域的范围更小，但是一旦采用，分析技术会更为有用。因此，如果可以应用分析技术，就不采用仿真，或者只把仿真作为补充。

1.4 创建模型

前述分析了仿真的效益，那么为了研究系统的行为，我们该怎么样创建这些系统的模型呢？这是本书和 Modelica 语言的主题，Modelica 可以简化模型创建过程和重用已有模型。

数学建模所需的系统相关知识来源主要有两类：

● 在相关科学技术领域积累的**通用经验**，可以从这些领域的文献和专家那里获得，包括各种**自然定律**，例如机械系统的牛顿定律，电子系统的基尔霍夫定律，经济或生物类系统中的近似关系等。

● **系统**本身，即对所要建模系统的观察和试验。

除了上面的系统相关知识，还需要有一些专门知识，比如特定应用领域中通过建模来处理和表达实际问题的机制，以及操作模型的通用机制等，即：

● **建模应用经验**：掌握应用领域及其专业建模技术。

● **软件和知识工程**：有关模型和软件的定义、处理、使用及表达等通用知识，例如面向对象方法、组件系统技术和专家系统技术等。

如何恰当地分析与集成这些关于系统的信息源，从而构造得到系统模型呢？通常，首先识别系统的主要组件，以及组件之间的交互类型。将每个组件分解成子组件，直到每个组件都能在模型库中找到对应的模型，如果模型库中没有定义，那么我们可以用合适的自然规律或其他关系来定义组件的行为。然后确定组件的接口，将模型组件之间的交互用数学公式表示。

某些组件可能具有未知的或部分已知的模型参数和系数。利用系统识别，通过曲线拟合和回归分析等简化技术，把来自真实系统的试验测量数据拟合到数学模型中。当然，某些高级的系统识别技术也许能够从一组基本系统模型中提炼和确定其数学模型。

1.5　分析模型

仿真是利用模型解决有关系统问题的通用技术之一。此外，还有一些其他基于分析模型的方法，诸如敏感度分析、基于模型的诊断，以及在某些约束条件下从闭合解析形式中寻解的分析数学技术。

1.5.1　敏感度分析

敏感度分析用于分析模型行为对模型参数变化的敏感程度。这是系统设计和分析中的常见问题。例如，即使电子系统这样定义明确的应用领域，电路中电阻值的精度据称也只有 5%~10%。如果仿真结果对模型参数的细微变化有很高的敏感度，我们应该怀疑模型的有效性。在这样的情况下，模型参数很小的随机变化可能导致模型行为巨大的随机变化。

另一方面，如果仿真的行为对模型参数的细微变化不敏感，那么模型精确反映实际系统模型的概率就较高。设计新产品时，产品行为的鲁棒性非常重要，否则，产品制造为消除特定的误差将变得十分昂贵。但是，也有一些真实系统本身对特定的模型参数非常敏感，这种情况下，其敏感度应该在系统模型中体现出来。

1.5.2 基于模型的诊断

基于模型的**诊断**技术与敏感度分析有一定关系。通过分析系统的模型，我们想找出引起系统某种行为的原因，在许多情况下，我们想找到系统出问题的原因。例如汽车是由许多互相作用的零件构成的复杂系统，如发动机、点火系统、传动系统、悬架和车轮等。在一组指定工况下，如果各部分的运行参数都在合理区间内，那么可以认为系统运行正常。测量或计算值超出允许范围外，也许意味着该组件或影响该组件的其他零件出现了错误。这种分析称为基于模型的诊断。

1.5.3 模型验证与确认

我们前面谈论过仿真的不足，比如模型仿真无效。我们怎么来验证模型是正确且可靠，即模型是否符合预期？模型验证与确认非常难，有时候只希望能得到一个不完全的答案。但是，下面的技术有助于至少部分地验证模型的有效性：

● 严格地检查模型背后的假设和近似，包括关于假设有效的信息。

● 针对特定场景，将模型的变体与分析解进行对比。

● 在可能的情况下与试验结果进行比较。

● 对模型进行敏感度分析。如果仿真结果对模型参数很小的变化相当不敏感，那么我们有足够的理由相信模型的有效性。

● 检查模型的内部相容性，例如检查方程两边的维数或单位是否兼容。以牛顿方程 $F = ma$ 为例，方程左边的单位 N 和右边的单位 $kg \cdot m \cdot s^{-2}$ 相容。

在最后一种情况中，如果模型的单位属性可获得，工具就可以自动验证单位是否一致。但是，这种功能在目前大多数建模工具中还没有实现。

1.6 数学模型分类

不同类型的数学模型以不同的属性为特征，这些属性反映建模对象的系统行为。一个重要的区别是，模型是**动态**的（包含与时间有关的属性），还是**静态**的。另外一个区别是，模型是跟随时间**连续**变化，还是只在**离散**时间点上发生变化。第三个区别是，模型是**定量**的，还是**定性**的。

有些模型用**分布式**参数来描述物理量，如质量；而有些模型则用**集总**参数来描述物理量，即将物理分布的量集总到一个物理量上近似表达，例如质点质量。

自然界的一些现象可以利用随机过程和概率分布方便地描述，例如噪声传播和原子级的量子物理学。这样的模型被视为基于**随机**或**概率**的模型，其行为只能在统计意义上表示。而**确定性**模型允许确定地表达系统行为。但是，即使随机模型也能利用计算机仿真的确定性方式表示，因为通常用来表示随机变量的随机数序列可以通过给定相同的种子值来重复产生。

针对同样的现象，要根据研究的细节程度，来决定是采用随机建模还是确定性建模。某一层次的一些性质在下一个更高的层次会被抽象化或平均化。例如，考虑气体在不同细节层次上的建模问题，从量子力学基本粒子的水平开始，其中粒子的位置以概率分布来描述：

- 基本粒子（轨道）——随机性模型
- 原子（理想气体模型）——确定性模型
- 原子团（统计力学）——随机性模型
- 气体体积（压力和温度）——确定性模型
- 实际气体（湍流）——随机性模型
- 理想混合体（浓度）——确定性模型

请注意，模型的类型随着我们的研究关注点，而在随机性模型和确定性模型之间发生着有趣的变化。当在高一级的宏观层次中进行近似时，详细的随机性模型可以被平均化为确定性模型。另一方面，宏观层次中也可以引入诸如湍流这样的随机行为，形成由确定性部分相互影响导致的混沌现象。

1.6.1　方程分类

数学模型通常包含方程。基本上有四种主要的方程类型，以下给出每种类型方程的例子。

微分方程包含关于时间的微分，如 dx/dt，通常计作 $\dot{x}$，例如：

$$\dot{x} = a \cdot x + 3 \tag{1.1}$$

代数方程不包含任何微分变量：

$$x^2 + y^2 = L^2 \tag{1.2}$$

偏微分方程包含除时间外的其他变量的微分：

$$\frac{\partial a}{\partial t} = \frac{\partial^2 a}{\partial z^2} \tag{1.3}$$

差分方程表达变量之间的关系，例如在不同的时间点：

$$x(t+1) = 3x(t) + 2 \tag{1.4}$$

1.6.2　动态模型 VS 静态模型

所有存在于真实世界中的自然系统和人造系统都随着时间演化，就这种意义而言它们都是动态的。这些系统的数学模型都应被视作动态的，因为需要包含时间演化的因素。但是忽略系统中的时间因素进行近似处理通常是很有用的。这样的系统模型称作静态模型。动态模型和静态模型的定义如下：

● **动态**模型包含时间。单词 dynamic（动态）来自希腊语 dynamis，它的意思是力和功率，具有力之间（按时间的）互相作用的动态特性。时间可以作为变量显式地包含在方程中，或者间接表示，例如表示为变量的时间导数项，或者表示为特定时间发生的事件。

● **静态**模型的定义可以**不包含时间**，其中单词 static（静态）来自希腊语 statikos，意思是能创建平衡的事物。静态模型常用来描述稳态或平衡工况下的系统，如果输入相同，输出就不会变化。但是，当静态模型输入信号为动态时，它也可能呈现动态行为。

动态模型的行为通常依赖于它**先前**的仿真历史。例如，数学模型中出现对时间导数就意味着当模型进行仿真时，这个导数项需要被**积分**来求解相关的变量，即积分考虑了先前的时间历史。以电容器模型为例，电容器两端的电压与电容器中累积的电荷成正比，即将通过电容器的电流积分/累加。通过对上述关系微分，得到电容器电压的时间导数正比于通过电容的电流。我们可以研究电容的电压，它随着时间以与电流成比例的速率增加，如图 1.3 所示。

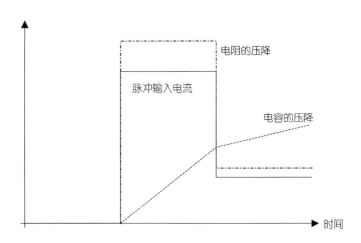

图 1.3 电阻是静态系统，其电压与电流成正比，与时间无关；而电容是动态系统，其电压与通过其电流的时间相关

另一种依赖先前历史的建模型方式是让之前的事件影响当前的状态，例如一个生态系统的模型，其中猎物的数目会受诸如捕食者出生等事件的影响。另一方面，像正弦信号发生器这样的动态模型可以通过直接包含时间的公式建模，而不涉及时间导数。

电阻是一个静态模型，电阻公式中不包括时间项，即电阻的电压直接正比于通过电阻的电流，不依赖于时间和先前历史，如图 1.3 所示。

1.6.3　连续时间模型 VS 离散时间模型

动态模型有两种主要类型：连续时间模型和离散时间模型。连续时间模型的特征如下：

● **连续时间模型**的变量随时间连续变化。

图 1.4 显示连续时间模型 A 的一个变量。连续时间模型的数学公式包含某些模型变量的时间导数构成的微分方程。许多自然规律，如物理学规律，可以用微分方程表达。

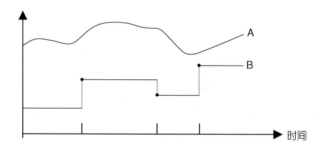

图 1.4　离散时间系统 B 的值只在特定时刻发生改变，而连续时间系统 A 的值则随时间连续变化

另一种是离散时间模型，例如，图 1.4 中的 B，其变量只在特定的时间点变化：

● 离散时间模型的变量只在离散时间点发生变化。

离散时间模型通常利用一组差分方程表示，或者以映射模型状态的程序表示，从不同时间点上映射获取离散的模型状态。

在工程系统中经常出现离散事件模型，尤其是在计算机控制系统中，采样系统就是一个典型例子，连续时间系统在规定的时间间隔被采样系统所测量，采样这部分就是离散时间模型。这样的采样系统通常与其他离散时间系统（如计算机）交互。离散时间模型也可能自然地出现，例如一年一次在短期内进行繁殖的昆虫的数量，其离散周期为一年。

1.6.4　定量模型 VS 定性模型

前面讨论过的所有种类的数学模型都有定量的属性，即根据可衡量的尺度定量，用数值表示变量的值。

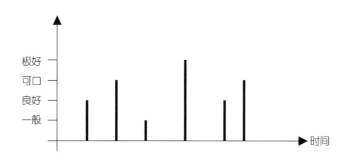

图 1.5　餐厅不定期检查的食品质量定性模型

其他所谓的定性模型缺少这种准确性，定性模型主要用于表达粗略地分类成一组有限的值，例如图 1.5 所示的食品质量模型。定性模型显然是离散时间模型，其因变量也是离散化的。但是，即使这些离散值在计算机中用数值表达（例如，一般—1，良好—2，可口—3，极好—4），我们也必须意识到，定性模型中变量的值不是根据线性测量尺度来衡量的，即食物的"可口"也许并不会比"一般"要好上三倍。

1.7 产品设计运用建模和仿真

建模和仿真在工业产品设计和研发中起什么作用呢？事实上，我们前面的讨论已经简单触及这个问题。在计算机中建立数学模型，即所谓的**虚拟样机**，然后进行模型仿真，这是可以在没有建造高成本的物理样机的情况下，快速确定和优化产品性能的一种方法。这种方法能够大大缩短产品研发时间和市场投放时间，同时还能够提高产品质量。

所谓的产品**设计 V 模型**（见图 1.6）包含产品开发的所有标准步骤：

- 需求分析和规格说明书
- 系统设计
- 设计优化
- 实现和生产制造
- 子系统验证与确认
- 集成
- 系统标定和模型确认
- 产品部署

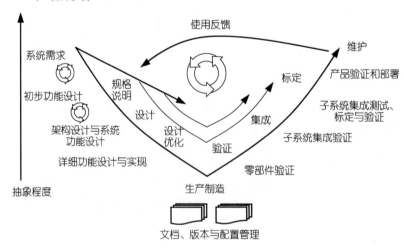

图 1.6　产品设计 V 模型

仿真和建模怎样融进这个设计过程呢？

在**需求分析阶段**，详细说明功能性需求和非功能性需求。在此阶段，识别重要的设计参数，并明确参数要求。例如，当设计一辆汽车时，可能对加速、油耗、最大排放等有要求。这些系统参数也将作为产品设计模型的参数。

在系统设计阶段，我们确定系统的结构，即系统主要的组件和它们之间的交互。如果有现成的仿真组件模型库，我们可以在设计阶段使用这些模型库组件，或创建适合设计产品的新组件。设计过程中逐渐增加设计细节。一个支持分层系统建模的建模工具将会帮助处理系统的复杂性。

在**实现阶段**，产品以物理系统或者计算机虚拟样机来实现。虚拟样机可以在物理样机制造前完成，且通常只花费成本的很小一部分。

在**子系统验证和确认阶段**，验证产品所有子系统的行为。对子系统虚拟样机模型进行计算机仿真，如有问题则修正模型。

在**集成阶段**，把子系统连接起来。对于基于计算机的系统模型，子系统模型以合适的方式连接在一起。然后整个系统可以进行仿真，同时基于仿真结果，修改某些设计问题。

在系统和模型**标定和确认阶段**，用合适的物理样机测量数据对模型进行确认。设计参数被标定后，相比于早先的需求，设计通常会得到一定程度的**优化**。

在最后的**产品部署阶段**（该阶段通常针对的是产品实体），将产品部署并交付给用户，并收集反馈意见。某些特殊场景下，也可能会交付虚拟样机，虚拟样机可以安装在计算机上，与用户其他的实体系统实时交互，即硬件在环仿真。

在大多数情况下，用户的使用反馈可以用来调整模型和物理产品。设计过程的所有阶段都有模型和设计数据库连接交互，如图 1.6 底部所示。

1.8   系统模型实例

本节简单介绍三个不同应用领域的数学模型实例，以展示在本书的后面部分将要介绍的 Modelica 数学建模与仿真技术的强大功能：

- 热力学系统——工业 GTX100 燃气轮机模型的一部分。
- 分层结构的三维机械系统——工业机器人
- 生物化学应用——柠檬酸盐循环（TCA 循环）的一部分，见图 1.11

第一个模型是 GTX100 燃气轮机，如图 1.7 所示，GTX100 燃气轮机的功率控制机制的连接视图如图 1.8 所示，连接视图虽然看起来不像数学模型，但实际上图中每个图标后面都是一个组件模型，包含了描述组件行为的方程。图 1.9 显示了一些燃气轮机仿真的结果图，用来说明怎样用模型来研究给定系统的特性。

第二个模型是工业机器人，展示了层次化建模功能的强大。图 1.10 右边显示的 3D 机器人，用中间的二维连接图表示。连接图中的各部分代表了如电机或运动副等机械组件，以及机器人控制系统等。组件可能由其他的组件组成，即组件可被层次化分解，层次化的最底层，是包含实际方程的模型类。

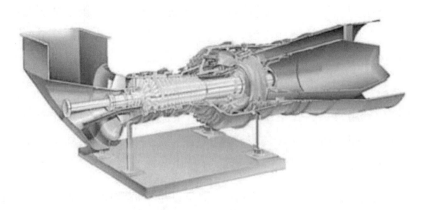

图 1.7   GTX100 燃气轮机示意图(西门子工业透平机械公司提供，芬斯蓬，瑞典)

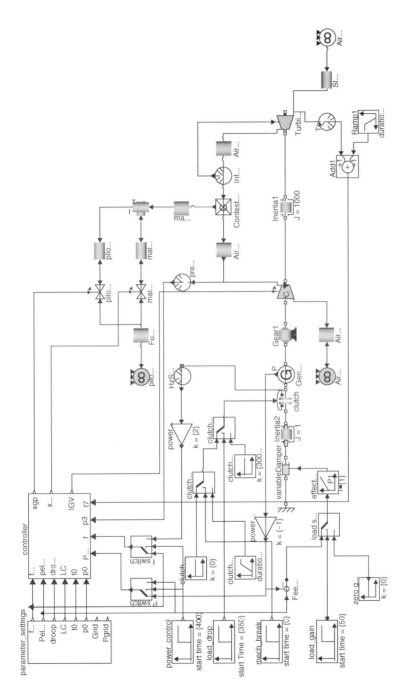

图 1.8　40MW GTX100 燃气轮机功率控制机制模型(西门子工业透平机械公司提供，芬斯蓬，瑞典)

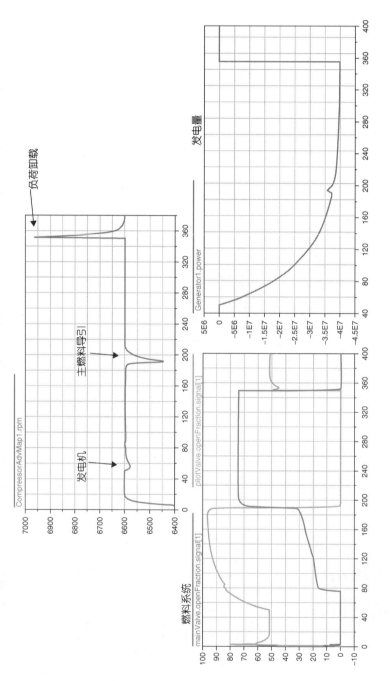

图 1.9　GTX100 燃气轮机功率控制机制仿真（阿尔斯通工业透平公司提供，芬斯蓬，瑞典）

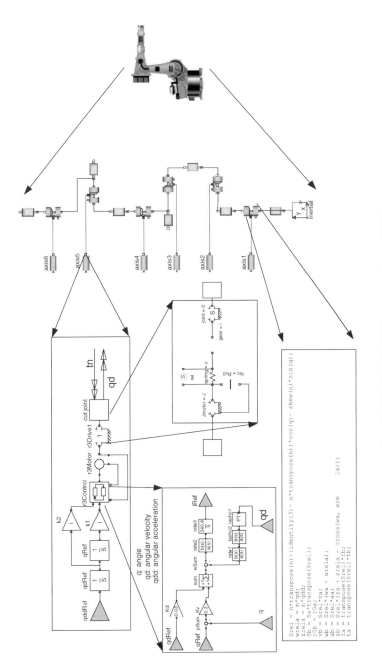

图 1.10 工业机器人的层次化模型（Martin Otter 提供）

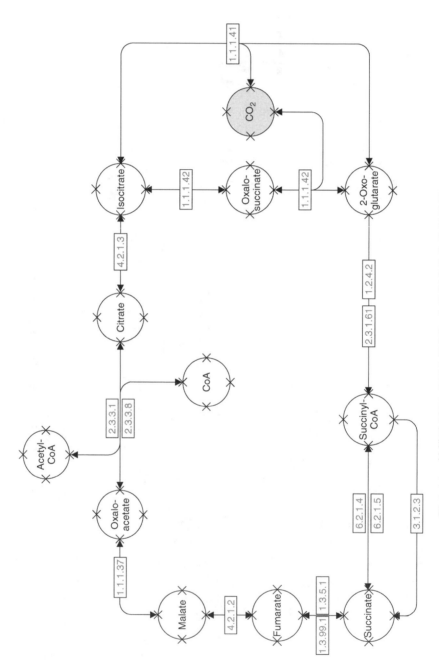

图 1.11 柠檬酸循环（TCA 循环）中的部分生化路径模型

第三个模型是柠檬酸盐循环的生化路径，这个模型来自一个完全不同的领域——描述反应物之间化学反应的生化路径。在这个例子中，描述了柠檬酸盐循环（TCA 循环）的一部分，如图 1.11 所示。

1.9　总结

本章简单介绍了一些重要的概念，如系统、模型、试验和仿真等。系统可以用模型表达，模型主要用于试验，即仿真。某些模型可以用数学公式来表示，即所谓的数学模型。本书主要讲解如何利用基于组件和面向对象的技术，来创建和仿真这种数学模型。数学模型可以分为不同类型，例如静态模型和动态模型，连续时间模型和离散时间模型等，模型分类取决于待建模系统的属性、已知的系统信息和模型所做的近似。

1.10　参考文献

任何关于建模和仿真的书籍都需要定义如系统、模型和试验等基础概念。本章的定义在建模和仿真文献中通常都有，包括 Ljung 和 Glad [1994]，以及 Cellier [1991]。第 1.6 节介绍的不同层次细节的气体数学模型在 Hyötyniemi[2002]提到过。Stevens et al [1998]和 Shumate and Keller [1992]介绍过第 1.7 节中提到的 V 型设计过程。图 1.11 中的柠檬酸盐循环的生化路径部分是根据 Allaby [1998]中的描述进行建模。

第 2 章

Modelica 简介

A Quick Tour of Modelica

Modelica 首先是一种数学建模语言，借助 Modelica 能够规范化地建立复杂系统的数学模型，如建立与时间相关的系统行为模型，从而实现对动态系统的仿真。同时，Modelica 是一种基于方程的面向对象编程语言，适用于结构复杂且性能要求高的仿真计算应用。Modelica 的四个主要特征包括：

- Modelica 建模主要基于方程而不是基于赋值语句。基于方程的建模不需要事先规定数据流向，因此，Modelica 能够实现非因果建模，这提高了 Modelica 模型的重用性，并且使得 Modelica 十分适用于系统中有多数据流的场景。

- Modelica 具有多领域建模能力。电气、机械、热力学、液压、生物和控制等不同的学科领域的物理对象，都能够通过 Modelica 建模成为模型组件，且组件间可互相连接。

- Modelica 是面向对象的语言，Modelica 类的概念对通常的类、泛型（C++中称为模板）和子类型进行统一化处理，大大加强了 Modelica 组件的重用性，且易于实现模型的调整和改进。

● Modelica 有很强的组件化建模能力，提供了创建和连接组件的语义框架。因此，Modelica 是一种十分适合复杂物理系统和某些软件系统的架构建模语言。

Modelica 的上述特征使得它功能强大且简单易用。以下将基础开始介绍 Modelica 的基本内容。

2.1　Modelica 入门

Modelica 构建的所有程序，都是由类开始创建的，类即模型。从类的定义可知，一个类可以创建任意数量的对象（即类的实例）。如果将类视为工厂用于创建产品的一系列蓝图和工艺，那么可以将 Modelica 运行环境视为工厂，模型及其仿真结果则是具体的产品。

Modelica 的类主要包括变量描述和方程描述等部分。类实例化后，变量中的数据从属于实例，即变量视作为实例内部数据的存储器，方程则描述了实例的行为。

在计算机语言领域有个历史悠久的传统，第一个测试程序总是一个打印 "Hello World" 的简单程序，而 Modelica 是一种基于方程的语言，打印字符串没啥意义。因此 Modelica 版 "Hello World" 是一个求解微分方程的程序：

$$\dot{x} = -a \cdot x \tag{2.1}$$

这个方程里的变量 x 是一个随时间变化的动态变量（此例中同时也是一个状态变量），$\dot{x}$ 是 x 关于时间的导数，Modelica 中用 der(x) 表达。因为所有的 Modelica 程序（通常称为模型）都由类声明构成，所以 Modelica 版 "Hello World" 程序定义为下面的类：

```
class HelloWorld
  Real x ( start = 1 ) ;
  parameter Real a = 1;
equation
  der ( x ) = - a * x ;
end HelloWorld ;
```

您可以使用熟悉的文本编辑器或 Modelica 编程环境输入以上的 Modelica 代码[①]，或者通过 DrModelica 电子文档获取本书所有例子和习题。在 Modelica 环境中调用仿真命令，Modelica 代码会被编译成一种中间格式的 C 代码，并与常微分方程（OAE）数值求解器或者微分代数方程（DAE）求解器一并执行，生成一个关于时间的函数，作为 x 的解。在 OpenModelica 中，下面的命令将产生一个时间从 0 至 2 的解：

```
simulate[②] ( HelloWorld , stopTime = 2 )
```

因为 x 的解是一个关于时间的函数，所以可以通过 plot 命令来显示：

```
plot[③] ( x )
```

或者用指定 x 轴的形式 plot (x, xrange = { 0, 2 })，曲线如图 2.1 所示。

---

① 开源的 Modelica 环境 OpenModelica 可从 www.openmodelica.org 下载，MathModelica 可以从 www.mathcore.com 下载，Dymola 可以从 www.3ds.com/products/catia/portfolio/ dymola 下载。

② simulate 是 OpenModelica 中仿真的命令。这个例子对应 MathModelica 中 Mathmatica 风格的命令：Simulate[HelloWorld, {t,0,2}]。在 Dymola 中则是 simulateModel ("HelloWorld", stopTime=2)。

③ plot 是 OpenModelica 中用于绘制仿真结果的命令。对应 MathModelica 中 Mathmatica 风格的命令和 Dymola 中的命令分别是 PlotSimulation[x[t], {t,0,2}]和 plot({"x"})。

到此，我们建立了一个 Modelica 模型，但这个模型到底是什么含义呢？这个程序包含一个声明为 HelloWorld 的类、两个变量和一个方程。HelloWorld 类的第一个成员是变量 x，它在仿真开始时被初始化为 1。Modelica 中的所有变量都具有 start 属性，默认为 0。可以通过所谓的变型项来给出不同的初始值，即在变量名后的括号中利用一个变型方程将初始值设定为 1，从而替换掉默认的初始值。

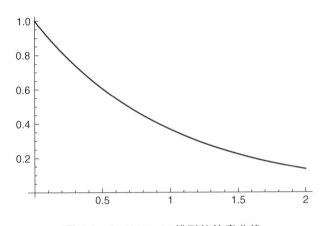

图 2.1　HelloWorld 模型的仿真曲线

第二个成员是变量 a，它是一个常量，在仿真开始时被初始化为 1。这样的常量前面有关键词 parameter 修饰，表明在某一次仿真过程中它的值不会改变，但它是模型参数，即每次仿真前可以人为改变它的值，比如在仿真环境中利用命令来修改 a 的值，然后进行新的一次仿真。

请注意，每个变量在声明时名称前面都有一个类型，此例中变量 x 和 "变量" a 是实型（Real）。

HolleWorld 模型中唯一的方程规定了 x 关于时间的导数等于-a 乘以 x。和其他大多数语言中用 "="表示赋值不同，在 Modelica 语言中，"="永远意味着相等，表示建立了一个方程。变量关于时间的导数用伪函数 der()表达。

第二个例子稍微复杂点，它包含 5 个方程：

$$mv̇_x = -\frac{x}{L}F$$

$$mv̇_y = -\frac{y}{L}F - mg \qquad (2.2)$$

$$ẋ = v_x$$

$$ẏ = v_y$$

$$x^2 + y^2 = L^2$$

这组方程实际上是图 2.2 中单摆的数学模型，即单摆在重力作用和几何约束下的牛顿运动方程，第 5 个方程规定了单摆的运动位置 (x,y) 必须在一个半径为 L 的圆上。变量 v_x 和 v_y 分别是单摆在 x 和 y 方向的速度。

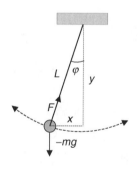

图 2.2　单摆模型

这个例子中第 5 个方程的类型和其他几个不同，是只包含变量代数运算而没有求导运算的**代数方程**。其他 4 个方程是和 HelloWorld 模型中方程一样的微分方程，这类既有微分方程又包含代数方程的方程组称为**微分代数方程**（DAE）。单摆的 Modelica 模型代码如下：

```
class Pendulum "Planar Pendulum"
  constant Real PI=3.141592653589793;
```

```
  parameter Realm=1, g=9.81, L=0.5;
  Real F;
  output Real x(start=0.5),y(start=0);
  output Real vx,vy;
equation
  m*der(vx)=-(x/L)*F;
  m*der(vy)=-(y/L)*F-m*g;
  der(x)=vx;
  der(y)=vy;
  x^2+y^2=L^2;
end Pendulum;
```

对单摆模型进行仿真，并画出单摆的变量 x，如图 2.3 所示：

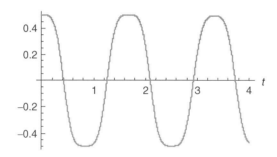

图 2.3　单摆 DAE（微分代数方程）模型仿真曲线

```
simulate(Pendulum, stopTime=4);
plot(x);
```

您可以自己写出一些没有物理含义的 DAE 系统，例如下面的
DEAexample 类：

```
class DAEexample
  Real x(start=0.9);
  Real y;
equation
  der(y) + (1+0.5*sin(y))*der(x) = sin(time);
  x-y = exp(-0.9*x)*cos(y);
end DAEexample;
```

它具有一个微分方程和一个代数方程。您可以试着对此模型进行仿真，看能不能画出合理的仿真曲线。

最后，给出一个 Modelica 模型的重要规则：

● 模型中的**变量数目**和**方程数目**必须相等。

前面三个模型以及所有可求解的 Modelica 模型都符合这条规则。此处的变量是指那些值可以变化的，不包括已经给定值的常量和参数（详细内容见 2.1.3 节）。

2.1.1 变量和预定义类型

下面这个例子更复杂一些，它描述了一个范德波尔[①]振荡器。请注意，这里用关键词 model 取代了 class（它俩含义几乎相同）。

```
model VanDerPol "Van der Pol oscillator model"
  Real x(start = 1) "Descriptive string for x";
    // x starts at 1
  Real y(start = 1) "Descriptive string for y";
    // y starts at 1
  parameter Reallambda = 0.3;
equation
  der(x) = y;
    // This is the first equation
  der(y) = -x + lambda*(1 - x*x)*y;
    /* The 2nd diff. equation */
end VanDerPol;
```

此例中声明了两个变量 x 和 y（同时也都是状态变量），其类型为 Real，且 start 属性值（即仿真起始时刻的值，通常为 0 时刻）为 1。

---

① 范德波尔是荷兰电气工程师，他在 20 世纪 20 年代和 30 年代在实验室中开创了现代实验动力学。范德波尔通过真空管研究了电路并发现它们有稳定的振荡，现在称之为极限环。范德波尔振荡器是由范德波尔创建用来描述非线性真空管电路行为的模型。

然后声明了一个参数型的常量 lamda，它也被称为模型参数。

前缀关键词 parameter 指明了该变量在仿真过程中保持为常量，但是可在仿真运行之前修改。这意味着参数是一种特殊的常量，它如同静态变量一样，在一个仿真当中，一经初始化，就不再改变。用户可以利用参数方便地修改模型行为。例如修改模型中 lamda 的值，将会强烈影响范德波尔振荡器的行为。与之对比的是，Modelica 中通过前缀关键词 constant 声明的常量，任何时候都无法被改变，并且任何出现常量的地方都会被其值所替换。

接下来举例介绍除了实型以外的其他变量类型：bb 是布尔型的变量，如无赋值则默认初始值为 false；dummy 是字符串型的变量，其值恒定为 "dummy string"；fooint 是整型，其值恒定为 0。

```
Boolean bb;
String dummy = "dummy string";
Integer fooint = 0;
```

Modelica 内置的基本数据类型支持浮点型（即实型）、整型、布尔型和字符串型表达。Modelica 模型库还预定义了支持复数计算的复数类型。预定义类型的数据能够被 Modelica 环境直接识别。变量的类型必须要显式声明。Modelica 中预定义的基本数据类型有如下几种：

Boolean	true 或者 false
Integer	和 C 语言的 int 类型相同，长度一般为二进制的 32 位
Real	和 C 语言的 double 类型相同，长度一般为 64 位
enumeration()	枚举类型
Complex	用于复数运算，Modelica 库中预定义的基本类型

此例的后半部分是以关键词 equation 开始的方程部分，模型中定义了两个互相依赖的方程，它们共同描述了模型的动态特性。

为了将模型行为可视化，我们对范德波尔振荡器进行仿真，设置仿真时间为 0 到 25s：

```
simulate(VanDerPol, stopTime=25)
```

然后绘制范德波尔振荡器模型中状态变量的相平面图（见图 2.4）：

```
plotParametric(x,y, stopTime=25)
```

变量、函数和类等的名称被称为标识符。Modelica 中标识符有两种定义形式，一种是以字母开头，后面可以跟字母和数字，例如 x2。另一种是以一个单引号开始，后面可以接任何字符，并以一个单引号终止，例如'2nd*3'。

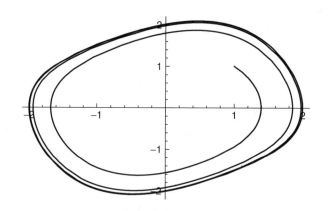

图 2.4　范德波尔振荡器模型参数图

2.1.2　注释

插入在计算机代码中的任意描述性文字都是对代码的注释。Modelica 语言有三种形式的注释，在前述 VanDerPol 示例中都有所展示。

注释能够将解释性文字和代码写在一起，既方便用户使用模型，也便于以后维护模型的人读懂您的代码。数月或数年后，也许要维护模型的人就是您自己，所以给代码加上注释，是给未来的工作省事。此外，您在给自己的代码写注释的时候，由于需要重新思考一遍代码，这时往往可能会发现代码中的一些错误。

第一种类型的注释是用引号包含的一串字符，例如"a comment"，这样的注释通常用于变量声明或者类声明之后，这些"定义注释"经常在 Modelica 开发环境使用，例如，将注释提取并显示在菜单或帮助文档里，以方便用户使用模型（从语法的角度看，这种注释并不是真正意义上的注释，它本身就是 Modelica 语法的一部分）。前例中 VanDerPol 类和变量 x、y 就有定义注释。

另外两种注释，在 Modelica 编译时会被直接忽略，纯粹是为了方便 Modelica 建模人员阅读代码。在一行代码中，从"//"开始一直到行尾的字符，以及"/*……*/"以内的字符都会被注释。通过"/*……*/"可以把包罗很多行的大段文本一并注释。

这里提一下 Modelica 中的 annotaion（注解），它是一种结构化的"注释"，可以和代码一起存储信息，详细内容见 2.17 节。

2.1.3　常量

Modelica 中的常量可以是整数值（如 4753078）、浮点数值（如 3.14159、0.5、2.735E-10、3.6835e+5）、字符串值（如"hello world"，"red"）或者枚举值（如 Colors.red、Sizes.xlarge）。

命名常量主要有两个用途。首先，常量的名称本身是一种文档，用来描述一个特定值的实际意义或用途等。另外更重要的是，常量在模型中一处定义，多处使用。当常量值需要修改或调整时，只需要在定义命名常量的那一处修改即可，从而简化了代码的维护工作。

在 Modelica 中创建命名常量，需要在变量声明时用到前缀关键词

constant 或 parameter，并跟随一个声明方程：

```
constant RealPI = 3.141592653589793;
constant Stringredcolor = "red";
constant Integer one = 1;
parameter Real mass = 22.5;
```

参数型的常量在声明时可以不提供声明方程，这是因为参数的值可以通过其他方式指定，比如在仿真开始前从文件中读取：

```
parameter Real mass, gravity, length;
```

2.1.4 可变性

我们已经知道，有的变量在任何时候都可以改变，而命名常量是不折不扣的常值。实际上，在 Modelica 语言中，变量和表达式都有一个"可变性"的概念，可变性分为 4 个等级：

● **连续时间可变性**：具有连续时间可变性的表达式或者变量，在任何时刻都可以变化。

● **离散时间可变性**：其值只在所谓的事件时刻发生变化，详见 2.15 节。

● **参数可变性**：其值在仿真初始化时可以变化，但在仿真过程中保持不变。

● **常量可变性**：其值一直固定不变。

2.1.5 默认初始值

如果一个数值型的变量在声明时没有给定值或 start 属性，那么在仿真时它通常会被初始化为 0。布尔型变量具有默认初始值 false，字符串的默认初始值是空字符串。

但是函数的**返回值**和内部的**局部变量**例外，它们的默认初始值是
"*undefined*"。

2.2 面向对象的数学建模

传统的面向对象编程语言如 Simula、C++、Java 和 Smalltalk，以及
过程式编程语言如 Fortran 和 C，都支持通过编程对程序存储数据的操作，
这里存储数据主要指变量和对象的数据。此外，对象的数量允许动态变
化。Smalltalk 面向对象的思想还强调（动态构建的）各对象之间的消息
发送。

Modelica 看待面向对象的视角则不同，它强调结构化的数学建模，
面向对象被视为一种结构化的概念，主要用于处理大型复杂系统的描述
问题。Modelica 模型本质上是一种陈述式的数学表达，简化了建模时对
数学公式的推导、解耦等分析操作，直接通过数学方程（组）对动态系
统的特性进行陈述。

陈述式建模的概念是受数学启发，数学领域在研究对象时，通常采
用陈述和声明的方式表达问题**是什么**，而非像过程式语言那样围绕目标
实现给出详细**算法**步骤。这就将建模人员从算法编写等繁杂的工作中解
脱出来，使模型代码变得简洁，修改时也不容易引入错误。

因此，从面向对象的数学建模角度出发，可以将 Modelica 陈述式的
面向对象特性总结为以下要点：

● 面向对象被视作一种**结构化**的概念，强调陈述系统的结构和数学
模型的重用。构建 Modelica 模型的三种方式分别是层次化、组件连接和
继承。

● 模型的动态特性通过**方程组**[①]的形式进行陈述表达。

_____

① 算法方式也是可行的，但在某种程度上，也可以将算法段视为一个方程组。

● 一个对象是其变量和方程的**实例**组构成的集合，变量与方程共享一套数据。

但是：

● 数学建模中的面向对象**不能**被视作动态消息传递。

在描述系统及其行为时，Modelica 陈述式的面向对象方式相比于一般的面向对象语言抽象程度更高，它省略了一些实现层面的细节，比如对象间的数据传输的代码由 Modelica 编译器根据建模给出的方程约束自动生成，而不需要人为编写赋值语句或信息传递代码。

和一般的面向对象语言一样，类是创建对象的模板。类的变量、方程都能被继承，函数也可以被继承。值得一提的是，Modelica 模型的行为主要通过方程来实现而不是算法。Modelica 具备定义算法函数的能力，可以偶尔为之。第 3 章提供了更多关于面向对象的概念讨论。

2.3   类和实例

像其他面向对象的计算机语言一样，Modelica 也主张利用类和对象（也称作实例）解决建模和编程问题。每个对象都有一个定义其数据和行为的类。类包含三种类型的成员：

● 变量将类及其实例进行关联。变量代表其所属类与其他类中方程联立计算的结果。在时域问题数值求解过程中，变量存储每个计算步上的结果。

● 方程指明了类的行为。方程与其他类的方程相互作用方式决定了求解过程。

● 类本身可以作为其他的类的成员。

下面是一个简单的类声明，它可以表示三维空间中的点：

```
class Point"Point in a three-dimensional space"
public
  Real x;
  Real y, z;
end Point;
```

Point 类定义了三个变量用于点的 x、y 和 z 坐标，没有定义方程。像这样的类声明如同是一个模板，它告诉你从它创建而来的对象会是啥样，同时也告诉你如何在方程中使用这些对象。类的成员可以通过点号（.）来访问。以 Point 类一个对象 myPoint 为例，可以通过 myPoint.x 来访问变量 x。

类的成员的访问权限分为两种。对关键词 public 定义的变量 x、y 和 z（若没有任何访问权限关键词定义则默认为"public"），任何可以访问 Point 对象的代码都可以访问这些变量的值。另一种是关键词 protected 定义的成员，它只有允许类的内部和继承这个类的子类访问。

请注意，public 或 protected 一经出现，其后声明的所有成员将都被定义为这种访问权限，直到 public 或 protected 再次出现，或者直到类包含其成员定义的结束。

2.3.1　创建实例

在 Modelica 中，对象通过声明类的实例而被隐式创建。与之对比的是，Java、C++中用关键词 new 来显式的创建对象。例如，我们在一个 Triangle 类中声明三个 Point 类型的变量，此时就创建了三个 Point 的实例（对象），如下：

```
class Triangle
  Point point1;
  Point point2;
  Point point3;
end Triangle;
```

　　然而仍然会存在一个问题，Triangle 类在什么样的上下文环境中应当被实例化，或者说什么时候它应该被当做模型库中的类不允许被实例化？

　　这个问题通过以下方式解决：把在实例化层次结构中**最顶层**的类视作"main"类，"main"类总会被隐式地实例化，意味着它的变量被实例化的同时，变量（即实例对象）的变量也会被实例化，如此嵌套的实例化至最底层。因此，要实例化 Triangle，可以把 Triangle 置于实例化层次结构的顶层，或者将 Triangle 定义为"main"类。在下面的示例中，Triangle 类和 Foo1 类都被实例化：

```
class Foo1
  ...
end Foo1;

class Foo2
  ...
end Foo2;
...
class Triangle
  Point point1;
  Point point2;
  Point point3;
end Triangle;

class Main
  Triangle pts;
  Foo1 f1;
end Main;
```

　　Modelica 类的变量在每一个对象中都被实例化。这意味着，同一个类实例化多个对象时，不同对象中的同名变量是不同的。许多面向对象的语言都支持类变量（也叫静态变量），类变量属于类，而不是类的实例，类变量会被类的所有对象所共享。Modelica 尚不支持类变量的概念。

2.3.2　初始化

　　另一个问题是变量初始化。第 2.1.5 节中提到，如果变量没有指定初始化值，除了默认初始值为 "*undefined*" 的函数返回值和局部变量外，所有数值变量的默认初始值都为 0，其他类型的初始值可以通过设置变量的 start 属性来指定。请注意，除非初始变量的 fixed 属性被设置为 true，否则 start 属性只给变量的初始化提供一个候选值，求解器可以选择其他的初始值。下面的 Triangle 类中有指定变量的 start 值：

```
class Triangle
  Point point1(start={1,2,3});
  Point point2;
  Point point3;
end Triangle;
```

　　在实例化时，point1 的初始值还可以通过以下的方式指定：

```
class Main
  Triangle pts(point1.start={1,2,3});
  foo1 f1;
end Main;
```

　　更通用的初始化方式是，利用方程系统指明一组变量的约束，通过求解方程得到变量的初始值。这种方式由 Modelica 中的 initial equation 结构来实现。

　　下面的示例中，时间连续控制器被初始化为稳态，这就要求状态变量的导数被初始化为 0：

```
model Controller
  Real y;
equation
  der(y) = a*y + b*u;
initial equation
  der(y)=0;
```

```
end Controller;
```

仿真初始化按照如下方式计算变量初值：

```
der(y)=0;
y = -(b/a)*u;
```

2.3.3　特化类

类是 Modelica 的基础概念，它有多种用途。Modelica 中几乎所有的东西都是类。但是，为了便于 Modelica 代码的阅读和维护，Modelica 定义了一些特定的关键词来表示专门用途的类。关键词 model、connector、record、block、type、package 和 function 可以表示专门场景下使用的类，称为受限类。有些特化类还具有额外的能力，称为扩展类。例如，function 类具有可以被调用的能力，record 类用于定义记录数据的结构体，但是不允许包含方程。

```
record Person
  Real age;
  String name;
end Person;
```

model 和 class 在语义上等价，可以互相替换。block 类具有固定的因果关系，它的每一个变量成员都被指定为输出或者输入变量。因此，block 类中的每一个变量声明时都要有表明输入或输出因果关系的前缀关键词 input 或 output。

connector 类用来定义组件的结构化端口或者接口，不应包含方程，但是允许 connect() 语句来连接 connector 类的实例。type 类可以作为预定义类型、结构体、数组的别名或者扩展，例如：

```
type vector3D = Real[3];
```

特化类使得用户只需要学习掌握**类的概念**，就能够更精确地表达一个类的用途，并让编译器检查这些用途的约束是否被满足。类和特化类的基本特征是完全统一的，类的语法以及定义语义、实例化、继承和其他通用特征对特化类完全适用。而且，特化类也简化了 Modelica 编译器的实现，编译时类的全部语法和语义，以及特化类额外的部分可以一并检查。

`package` 和 `function` 这两个专业类也具有一些额外特征，所以也称为扩展类。特别是 `function` 具有相当多的扩展能力，例如它被调用时可以携带实参列表，还可以在运行时被实例化等。`operator` 类和 `package` 相似，但只包含函数的声明，用于用户自定义的重载运算符。

2.3.4　基于变型的类重用

类是 Modelica 模型重用的关键。在 Modelica 中通过所谓的变型项实现类按一定规则进行修改或**变型**，使模型重用更简单。例如，假设我们期望将两个具有不同时间常数的滤波器模型串联。

不必定义两个不同的滤波器类，而是定义一个通用的滤波器类，并通过适当的变型创建两个实例，然后将二者相连。下面是低通滤波器类的定义：

```
model LowPassFilter
  parameter Real T=1 "Time constant of filter";
  Real u, y(start=1);
equation
  T*der(y)+y=u;
end LowPassFilter;
```

用 LowPassFilter 类创建两个时间常数不同的实例，通过方程 F2.u = F1.y 将它们连接起来：

```
model FiltersInSeries
  LowPassFilter F1(T=2), F2(T=3);
equation
  F1.u = sin(time);
  F2.u = F1.y;
end FiltersInSeries;
```

这里用到的**变型项**是属性方程，即 T=2 和 T=3，在创建 F1 和 F2 时对低通滤波器的时间常数进行变型。Modelica 中用 time 来表达独立的时间变量。如果 FiltersInSeries 模型被用在一个更高的层次来声明变量，例如 F12，时间常数仍然可以通过层次化变型来调整，对 F1 和 F2 的变型如下：

```
model ModifiedFiltersInSeries
  FiltersInSeries F12(F1(T=6), F2.T=11);
end ModifiedFiltersInSeries;
```

2.3.5 内置类型和属性

Modelica 的内置类型的类，类似于预定义的基础类型 Real、Integer、Boolean、String、enumeration 等，具有大部分类的特征，例如可以被继承、变型等。变量的 value 属性仅在运行时变化，并通过变量名来进行访问，而不是点（.）运算符。例如，通过 x 而不是 x.value 来访问其值。其他的属性通过点（.）运算符访问。

举个例子，实型变量具有许多默认的属性，例如单位、初始值和最大最小值等。在声明一个新的类时可以通过变型修改这些默认属性值：

```
class Voltage = Real(unit= "V", min=-220.0,max=220.0);
```

2.4　继承

面向对象的一个主要优势是可以基于已有类来扩展类的属性和行为。原有的类称为**父类**或**基类**，通过父类扩展创建的更专用的类，称为**子类**或**派生类**。在创建子类的过程中，父类的变量声明、方程定义和其他内容被子类重用，也称作继承。

以一个简单的 Modelica 类的扩展来举例，这里选择 `Point` 类。首先，引入 `ColorData` 和 `Color` 两类，`Color` 类继承了 `ColorData` 表示颜色的变量并添加了一个约束方程。`ColoredPoint` 类继承了多个类（即多重继承），从 `Point` 类继承获得位置变量，从 `Color` 类继承获得颜色变量及方程。

```
record ColorData
  Real red;
  Real blue;
  Real green;
end ColorData;

class Color
  extends ColorData;
equation
  red + blue + green = 1;
end Color;

class Point
  public
    Real x;
    Real y, z;
end Point;

class ColoredPoint
  extends Point;
  extends Color;
end ColoredPoint;
```

有关继承和重用的更多内容见 3.7 节。

2.5　泛型类

在许多场景下，在模型或程序中采用泛型模式表达都十分有用，利用泛型模式直接表达出基本结构并以**参数值**的形式实现特例的实例化，不必编写许多段本质上结构相同的相似代码，也就避免了大量编码和维护工作。

不少编程语言都支持泛型结构表达，例如 C++的模板，Ada 的泛型，函数式语言 Haskell 和 Standard ML 中的的参数类型等。Modelica 的类结构除了通常的类功能外，同时也足够支撑实现泛型建模和泛型编程。

在 Modelica 中，泛型类的参数化实质上有两种方式：**类参数**既可以是**实例参数**又可以是**类型参数**，前者将类中的实例声明（组件）视为参数值，后者将类中的子类类型视为参数值。请注意，本节语境下的类参数不是指用 parameter 前置修饰的模型参数，而是**类的形式参数**。这些形式参数被关键词 replaceable 前缀修饰。举个例子，Modelica 泛型类机制中的可替换函数，大致相当于一些面向对象语言中的虚函数方法。

2.5.1　以实例作为类参数

首先介绍类参数是变量的情况，变量即实例的声明，也经常称为组件。下面例子的 C 类具有三个以关键词 replaceable 标识的类参数。这三个类参数是 C 的组件（变量），分别具有（默认的）类型 GreenClass、YellowClass 和 GreenClass。还有一个 RedClass 类的对象声明，但是它不是 replaceable，因此不是类参数。所以，C 具有 pobj1、pobj2、pobj3 三个类参数和 obj4 一个普通组件（见图 2.5），定义如下：

```
class C
  replaceable GreenClass pobj1(p1=5);
  replaceable YellowClass pobj2;
  replaceable GreenClass pobj3;
  RedClass obj4;
```

```
equation
...
end C;
```

　　然后在 C 基础上定义一个新的类 C2，此时，提供两个新的 pobj1 和 pobj2 声明作为 C 的实际参数，即 pobj1 和 pobj2 的新声明中分别由 RedClass 和 GreenClass 替换掉默认的 GreenClass 和 YellowClass。关键词 redeclare 必须置于形参对应的实参前面，以实现改变实例的类型。Modelica 中之所以要引入重声明"redeclare"关键词，主要是避免用户通过标准的变型操作而不小心修改组件类型的情况。

　　通常而言，类中组件的类型不能改变。当且仅当组件被声明为 replaceable 且外部提出对该组件进行重声明时，方可改变组件类型。组件能够通过重声明实现对原组件的替换有个前提条件，即该组件重声明采用的新类型，是其原始定义类型的子类型或类型约束。在替换的类中可以声明类型约束（此处不展开讨论）。

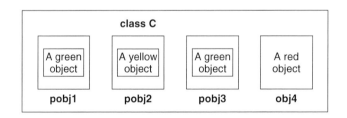

图 2.5　pobj1、pobj2、pobj3 作为 C 的三个类参数，它们都是 C 中的组件，实际上它们可作为"槽"来实现各种不同颜色

```
    class C2 = C(redeclare RedClass pobj1, redeclare GreenClass
pobj2);
```

　　以上通过重声明 pobj1 和 pobj2 定义的 C2，和下面不重用 C 而直接定义的 C2 是等价的：

```
class C2
  RedClass pobj1(p1=5);
  GreenClass pobj2;
  GreenClass pobj3;
  RedClass obj4;
equation
...
end C2;
```

2.5.2 以类型作为类参数

类型也可以作为类参数，这在需要同时改变一组对象的类型时很有用。例如，为类 C 提供一个类型参数 ColoredClass，可以方便地改变所有用 ColoredClass 声明的对象的颜色。

```
class C
  replaceable class ColoredClass = GreenClass;
  ColoredClass obj1(p1=5);
  replaceable YellowClass obj2;
  ColoredClass obj3;
  RedClass obj4;
equation
...
end C;
```

图 2.6 描述了类参数 ColoredClass 作用于成员对象 obj1 和 obj3 声明的过程。

基于类 C，将其类型参数 ColoredClass 设置为 BlueClass，创建得到类 C2：

```
class C2 = C(redeclare class ColoredClass = BlueClass);
```

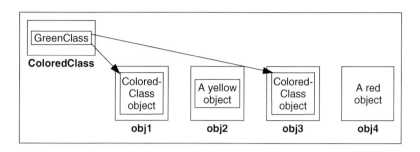

图 2.6　类参数 ColoredClass 是一个类型参数，作用于组件 obj1 和 obj3

以上重声明定义的 C2 等价于下面直接定义的 C2：

```
class C2
  BlueClass obj1(p1=5);
  YellowClass obj2;
  BlueClass obj3;
  RedClass obj4;
equation
...
end C2;
```

2.6 方程

前面已提到，相比于传统的（泛滥的）赋值语句为主的编程语言，Modelica 是基于方程的语言。基于方程的建模方法不指定数据流的方向和执行的顺序，比赋值更加灵活，这是物理建模能力的关键，同时增强了 Modelica 类的重用性。

对多数建模人员而言，用方程的方式思考，这多少有些不同。Modelica 有以下规定：

- 传统语言中的赋值语句在 Modelica 中通常都用方程表示。
- 属性的赋值用方程表示。
- 组件之间的连接会生成方程。

方程比赋值功能更强大。以电阻的欧姆方程为例，电阻 R 乘以电流 i 等于电压 v：

```
R * I = v ;
```

一个方程可以用作三种方式，分别与三种可能的赋值等式相对应，即通过电压和电阻计算电流，通过电阻和电流计算电压，通过电压和电流计算电阻。用以下赋值语句表达：

```
i := v/R;
v := R*i;
R := v/i;
```

根据产生方程的语法环境，Modelica 中的方程可以分为四类：

● **常规方程**：在方程区定义的方程，包括连接方程（连接方程是一种特殊的方程）。

● **声明方程**：是变量或常量声明的一部分。

● **变型方程**：用作属性修改。

● **初始化方程**：在初始化方程区定义，或是 start 属性的变型方程。初始化方程用于在仿真启动时求解初始化问题。

在前面的许多例子中都出现过方程的定义，常规方程都定义在方程区内，方程区作用范围从关键词 equation 开始，直至与出现之类似的下一个关键词（如 "algorithm"）为止，语法如下：

```
equation
  ...
  <equations>
  ...
<some other allowed keyword>
```

上面的电阻欧姆方程就是一个可以放置在方程区的例子。声明方程通常用作常量或参数声明的一部分，例如：

```
constant Integer one = 1;
parameter Real mass = 22.5;
```

方程总是成立的，也就是说上式中的 mass 在仿真中一直不变。也可为普通的变量指定声明方程，示例如下：

```
Real speed = 72.4;
```

只是这么做没有蛮大意义，因为它会使得变量在整个计算过程中就像常量一样保持值不变。可以看到，Modelica 声明方程与其他语言中的变量声明初始化有很大区别。

变型方程的主要作用就是实现属性的赋值。比如，如果需要指定一个变量的初始值（即计算开始时的值），那么就给变量的 start 属性提供一个变型方程，即：

```
Real speed(start=72.4);
```

2.6.1　重复的方程结构

阅读本节内容之前，您需要先预习一下 2.13 节有关数组的知识以及 2.14.2 节有关赋值语句和 for 循环算法的知识。

有时候需要方便地表达一组具有规则的、结构重复的方程。这样的方程通常可以表示为数组方程（数组方程中对数组元素的引用用方括号运算符表示），Modelica 能够支持一种十分简洁的循环结构（请注意，这里的循环并不是算法中循环的意思，只是对一组方程的缩写表达形式）。

以下面的多项式方程为例来说明：

```
y = a[1]+a[2]*x + a[3]*x^2 + ... + a[n+1]*x^n
```

此多项式方程可以表示成一组结构整齐的方程，y 等于向量 a 和向量 xpowers 的数乘，向量 a 和向量 xpowers 长度都是 n+1：

```
xpowers[1] = 1;
xpowers[2] = xpowers[1]*x;
xpowers[3] = xpowers[2]*x;
...
xpowers[n+1] = xpowers[n]*x;
y = a*xpowers;
```

以上关于向量 xpowers 的方程可以通过 for 循环表达得更加简洁：

```
for i in 1:n loop
  xpowers[i+1] = xpowers[i]*x;
end for;
```

在此例中，向量方程可以表示为更紧凑的形式：

```
xpowers[2:n+1] = xpowers[1:n]*x;
```

上式中向量 x 和向量 xpowers 的长度都是 n+1。冒号表达式 2：n+1 表示提取一个长度为 n 的向量，向量元素为从第 2 个到第 n+1 个。

2.6.2　偏微分方程

偏微分方程（PDEs）中包含除对时间以外的其他变量的导数，例如有关空间笛卡尔坐标系 x 和 y 的导数。有关热流场现象的模型一般包含偏微分方程。目前，标准的 Modelica 语言还不具备 PDE 的建模仿真功能，计划在将来引入。

2.7　非因果物理建模

非因果建模是一种典型的陈述式建模，也就是说非因果建模是基于方程的而不是赋值等式。方程不规定哪些变量是输出，哪些变量是输入，而赋值语句中等号左边的总是输出变量，等号右边的总是输入变量。因此基于方程的模型在建模时因果性是不确定的，只有在求解时方程系统才演化为明确的因果性。这就是所谓的**非因果建模**，使用"**物理建模**"作为术语是因为**非因果建模**非常适用于表达复杂系统的**物理结构**关系。

非因果建模的主要优势在于方程的求解方向会根据计算中数据流上下文环境而自动确定，通过显式指明整个物理系统模型的外部**输入**变量和向外**输出**变量即可形成所谓的数据流上下文环境。

由于非因果的特性，**Modelica** 模型库中类的可重用性比那些确定输入输出因果关系的、包含赋值语句的传统类更高。

2.7.1　物理建模 VS 面向框图建模

下面以一个简单电路（见图 2.7）为例来说明非因果物理建模。电路连接图①显示了组件的连接方式。电路模型可以通过组件拖放的方式画出与印刷电路板上电路的物理布局大致相对应的结构。实际电路中的物理连接对应于结构图中的逻辑连接。可见**物理建模**这个术语十分恰当。

下面的 `SimpleCircuit` 模型直接和图 2.7 中连接图对应。图中的每个图形对象对应于电路模型中的一个声明组件。因为没有规定信号流因果关系，所以模型是非因果的。对象之间的连接通过连接方程实现（连接方程的语法稍后介绍）。类 `Resistor`、`Capacitor`、`Inductor`、`VsourceAC` 和 `Ground` 的定义将在 2.11 节和 2.12 节中详细介绍。

---

① 连接图强调模型组件之间的连接，而组合图指定模型由哪些组件组成，以及它们的子组件等。类图通常描述继承和组合关系。

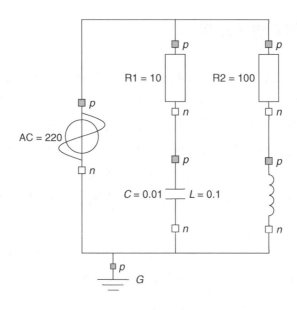

图 2.7　非因果的简单电路模型连接图

```
model SimpleCircuit
  Resistor R1(R=10);
  Capacitor C(C=0.01);
  Resistor R2(R=100);
  Inductor L(L=0.1);
  VsourceAC AC;
  Ground G;
equation
  connect(AC.p, R1.p);  // Capacitor circuit
  connect(R1.n, C.p);
  connect(C.n, AC.n);
  connect(R1.p, R2.p); // Inductor circuit
  connect(R2.n, L.p);
  connect(L.n, C.n);
  connect(AC.n, G.p);  // Ground
end SimpleCircuit;
```

　　作为对比，采用面向框图的因果性建模方法建立同样的电路模型，如图 2.8 所示。从图中可以看出，电路的物理拓扑结构已丢失，框图模型结构和物理电路结构完全不对应。框图中清楚地显示出信号流向在建模时就是确定的，即这是一个因果性的模型。即使对于这个简单模型，将直观的物理模型转换为因果性的框图模型也是十分繁琐的。另一个缺点是电阻的表达与上下文环境相关，例如，电阻 R1 和 R2 具有不同的定义形式，这使得模型库组件难以重用，同时这样的系统模型也很难维护，因为哪怕是物理结构发生很小的变化，也可能会导致对应框图模型的巨大改变。

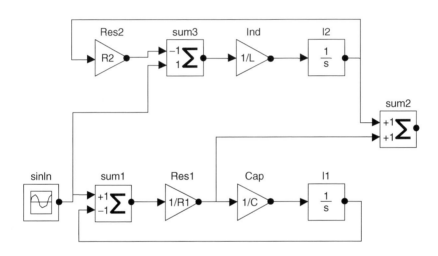

图 2.8 利用面向框图的因果性建模方法以显式数据流连接表达简单电路模型

2.8 Modelica 组件化模型

长期以来，软件开发人员羡慕硬件系统开发者，因为硬件开发人员通过使用可重用的硬件组件来构建复杂的系统，系统集成显然容易一些。对于软件而言，通常需要重新开始开发，而不是使用可重用组件。早期在软件组件化方面的尝试，例如程序库，实现的功能和灵活性都十分有限。面向对象语言的出现促进了软件组件化框架的发展，比如 CORBA、Microsoft COM/DCOM 组件对象模型和 JavaBeans。虽然这些组件模型在特定的应用领域取得了可观的成就，但是要达到硬件工业中重用和组件标准化水平，还有很长的路要走。

读者可能会有疑问，这些与 Modelica 有什么关系呢。实际上，Modelica 提供了功能非常强大的组件模型，在灵活性和重用性上与硬件组件系统不相上下。组件灵活性提高的关键因素是 Modelica 基于方程的特性。什么是组件模型呢？它应当包含以下三种要素：

1. 组件；
2. 连接机制；
3. 组件框架。

组件通过连接机制连接，并在连接图中可视化。组件框架实现了组件及其连接，并确保组件间的有效通讯以及连接关系下的约束保持。对于由非因果组件构成的系统，它运行时的数据流方向（因果关系）由 Modelica 编译器自动推导形成。

2.8.1 组件

简而言之，组件就是 Modelica 类的实例。这些类应具有良好的接口，有时候也叫做端口，在 Modelica 中称作连接器，用来实现通讯以及与外部其他组件的连接。

组件建模与其被使用的环境无关，这是组件重用的基本要求，也就是说，在组件的定义中（包括其方程），只能使用局部变量和连接器变量。不允许组件绕开连接器直接与系统其他部分进行通信（尽管在 Modelica 中也可以通过点运算符访问到组件数据）。一个组件内部可以包含其他互相连接的组件，这就是所谓的层次化建模。

2.8.2 连接图

复杂的系统通常由大量的组件连接构成，这些组件内部又可以向下分解成不同层级的组件。为了理解这种复杂性，组件和连接的可视化表示是非常重要的。这样的图形化表示就是连接图，图 2.9 是一个连接图的示例。本章的前面给出了一个简单电路的连接视图，如图 2.7 所示。

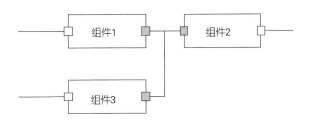

图 2.9 组件连接示意图

图中的每个矩形代表一个物理组件，如电阻、电感、齿轮和阀等。连接通过线条表示，与真实的物理连接相对应，例如，组件间的连接可以是电线、机械连接、流体管道或者热交换等。连接器（即接口）在图中用矩形旁的一个小正方形表示。接口中的变量定义了矩形块所代表的组件与其他组件的交互关系。图 2.10 显示了机械领域中一个例子的连接图。

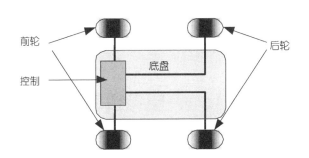

图 2.10 汽车简化模型的连接图

这个简化的汽车模型包括车轮、底盘和控制单元等子组件，类名称后面的注释字串简明地描述了类，组件 wheels 同时与组件 chassis 和组件 controller 相连，连接方程在此部分例子中被省略掉了。

```
class Car "A car class to combine car components"
  Wheel w1,w2,w3,w4 "Wheel one to four";
  Chassis chassis "Chassis";
  CarController controller "Car controller";
...
end Car;
```

2.8.3　连接器和连接器类

Modelica 连接器是连接器类的实例，连接器类中定义的变量可作为连接器通讯使用，也就是说，连接器指定了组件与外界交互的外部接口。

例如，Pin 是一个连接器类，可用作电子组件（见图 2.11）的外部接口（可以认为是电子元器件的引脚）。Pin 里使用的类型 Voltage 和 Current 都是实型，但是单位属性不同。Modelica 编译器会认为 Voltage 和 Current 是等价类型，同时也提供单位匹配性检查的选项。

```
type Voltage = Real(unit="V");
type Current = Real(unit="A");
```

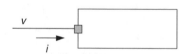

图 2.11　一个带有电子连接器 Pin 的组件

下面的连接器类具有两个变量。第二个变量的 flow 前缀表明这个变量是流变量，流变量的概念对连接机制特别重要，下节马上介绍。

```
connector Pin
  Voltage v;
  flow Current i;
end Pin;
```

2.8.4　连接

组件连接可以在等价类型的连接器之间建立。Modelica 支持基于方程的非因果连接，也就是说，连接是通过方程实现的。对应非因果连接而言，连接中的数据流方向并不需要事先知晓。此外，Modelica 也支持创建因果性连接，可以通过连接一个具有 output 属性和一个具有 input 属性的连接器来实现。

通过连接可以建立两种类型的连接，这取决于连接器中的变量是势变量（默认）还是用前缀关键词 flow 声明的流变量：

1. 相等连接：连接处的势变量相等，参照基尔霍夫电流定律。
2. 零和连接：连接处的流变量和为零，参照基尔霍夫电流定律。

例如，Pin 连接器类中的 Current 类型变量 i 用关键词 flow 声明，这表明根据基尔霍夫电流定律，连接的引脚中所有的电流和为零。

连接方程用来实现连接类实例之间连接。连接方程 connect(R1.p,R2.p) 把两个引脚（见图 2.12）连接起来，形成了一个节点。此连接方程会自动产生以下两个方程：

```
R1.p.v = R2.p.v
R1.p.i + R2.p.i = 0
```

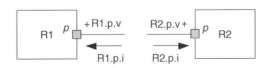

图 2.12　连接两个具有电子引脚的组件

第一个方程是指连接线路两端的电压相等。根据基尔霍夫电流定律，第二个方程是指一个节点处的电流之和为零（假设流入组件的电流值为正）。当使用 flow 前缀时，会产生零和方程。同样的规律适合于管道系统中的流质和机械系统中的力、力矩。

2.8.5　Inner 和 Outer 定义隐式连接

目前为止，我们关注的都是连接器间的显式连接，每个连接通过连接方程或者连接视图中对应的线条表示。但是，当建立诸如包含有许多组件交联的大型模型时，使用显式连接有时会显得复杂。以涉及**力场**的系统模型为例，考虑组件之间的相互力场影响，n 个组件之间最多可以有 n×n 个连接，或者忽略组件之间的力场相互影响，一个中心组件（用于表达力场）和 n 个组件之间有 1×n 个连接。

对于 1×n 个连接的情况，Modelica 提供了一种取代大量显式连接的机制，即通过 inner 和 outer 声明前缀为一个对象及其 n 个组件创建**隐式连接**。

一种相当常见的隐式交互场景是，一个环境对象的**共享属性**可以被处在此环境中的所有组件**访问**。例如，在某个环境下有许多房子，每个房子组件都访问共享的环境温度；又如在某个电路板环境下有许多电子组件，每个电子组件都访问共享的电路板温度。

根据这个思路构建如下的环境组件示例模型，其中，共享的环境温度变量 T0 通过关键词 inner 标记为**定义声明**，同时，组件 comp1 和 comp2 的类 Component 以关键词 outer 标记为对 T0 的**引用声明**。

```
model Environment
  import Modelica.Math.sin;
  inner Real T0;
    //Definition of actual environment temperature T0
Component comp1, comp2;
    //Lookup match comp1.T0 = comp2.T0 = T0
  parameter Real k = 1;
equation
  T0 = sin(k*time);
```

```
end Environment;

model Component
  outer Real T0;
    // Reference to temperature T0 defined in the environments
  Real T;
equation
  T = T0;
end Component;
```

2.8.6　可扩展连接器与信息总线

信息总线在工程中很常见，用来在不同的系统组件之间传递信号，例如传感器、执行器和控制单元。有些总线已经标准化了（例如 IEEE 制定的总线标准），但一般来说总线都是相当通用化的，允许许多不同种类的组件接入。

通用总线是 Modelica 可扩展连接器背后的主体思想。类比于信息总线，可扩展连接器可以用来连接各种不同类型的组件以实现组件间的通讯。当不同的组件通过不同的接口连入可扩展连接器时，如果组件接口中的一个变量及其类型在可扩展连接器中没有被定义，那么可扩展连接器中会自动扩展定义出这些元素，以满足连接的语义要求。

在可扩展连接器中定义的任何变量都被视为连接器实例（即使这些变量没有被声明为连接器）。

此外，当两个可扩展连接器相连时，只在一个连接器中声明的变量将被扩展至另一个连接器中，这个过程反复执行，直到两个连接器中的变量互相匹配，即单个连接器中定义的变量被扩展至两个连接器中变量定义的总集。如果一个可扩展连接器中有一个输入变量，那么在与之相连的所有其他可扩展连接器中，至少有一个连接器里该变量是非输入变量。下面介绍一个小示例：

```
expandable connector EngineBus
end EngineBus;

block Sensor
  RealOutput speed;
end Sensor;

block Actuator
  RealInput speed;
end Actuator;

model Engine
  EngineBus bus;
  Sensor sensor;
  Actuator actuator;
equation
  connect(bus.speed, sensor.speed);
    // provides the non-input
  connect(bus.speed, actuator.speed);
end Engine;
```

在使用可扩展连接器时有许多问题要注意，有关的例子请参考 Modelica (2010) 和 Fritzson (2011)。

2.8.7 对流连接器

在热力学领域，一些流体应用中会出现携带相关物理量的物质发生双向流动的场景，典型的如包含特定值（比如焓、化学组分等）的物质的对流传递。

这种场景下，如果我们使用包含流变量和势变量的普通连接器，那么对应的模型将包含由未知布尔量控制流向以及零流附近奇异的非线性方程组，而这类方程通常是无法可靠求解的。如果针对两种可能的流向分别建立两组不同平衡方程，那么模型规划将被简化，当然，仅通过流变量和势变量是无法实现的。

为解决这个基础性的问题，Modelica 引入第三种连接器变量，称作

对流变量，通过前缀关键词 stream 声明。对流变量指的是一个流变量所携带的一个特定物理量，适用于对流传递问题的建模。

如果一个连接器具有 stream 前缀声明的变量，那么这个连接器就称作**对流连接器**，对应的变量称作对流变量。下面举例说明：

```
connector FluidPort
   ...
   flow Real m_flow ;
     "Flow of matter; m_flow>0 if flow into component";
   stream Real h_outflow
     "Specific variable in component if m_flow< 0"
end FluidPort

model FluidSystem
   ...
   FluidComponent m1,m2, ..., mN;
   FluidPort c1,c2, ..., cM;
equation
   connect(m1.c, m2.c);
   ...
   connect(m1.c, cM);
   ...
end FluidSystem;
```

更多详细的内容和介绍请参考 Modelica (2010)和 Fritzson (2011)。

2.9　抽象类

许多电子组件的共同特征是都有两个引脚，有必要定义一个基础的模型类，例如称作 TwoPin，用来表达这个共同特征。TwoPin 是个使用关键词 partial 定义的**抽象类**，它并没有定义完整的方程来表达模型物理行为。其他面向对象语言也有抽象类的概念。

```
partial class TwoPin①
  "Superclass of elements with two electrical pins"
  Pin p, n;
  Voltage v;
  Current i;
equation
  v = p.v - n.v;
  0 = p.i + n.i;
  i = p.i;
end TwoPin;
```

类 TwoPin 具有两个引脚，p 和 n，物理量 v 定义了组件两端的电压差，物理量 i 定义了通过组件的电流，从 p 引脚流入，从 n 引脚流出（见图 2.13）。把引脚标记成不同的样式有助于可视化理解，例如，分别用填充和空心的正方形标记为 p 脚和 n 脚，当然，在这个例子中两类引脚并没有物理上的差别。

方程定义了简单电子组件的物理量之间的普遍关系。通常来说，模型抽象类中应当定义表达基本物理特征的本构方程，这样的模型类更易于使用一些。

2.9.1 抽象类重用

以抽象类 TwoPin 为例，通过添加一个本构方程进一步来创建更专用的电阻类：

```
R*i = v;
```

这个方程描述了电阻（见图 2.14）中电压和电流的物理特性关系。

---

①这个 TwoPin 类在 Modelica 标准库中一般被称为 Modelica.Electrical.Analog.Interfaces.OnePort，因为这个名字一般被电气建模专家所使用。这里我们使用更直观的名称 TwoPin，是因为该类用于具有两个物理端口而不是一个物理端口的组件。如果将 OnePort 用来命名包含两个子端口的复合端口，则更容易理解。

```
class Resistor "Ideal electrical resistor"
  extends TwoPin;
  parameter Real R(unit="Ohm") "Resistance";
equation
  R*i = v;
end Resistor;
```

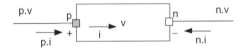

图 2.13　TwoPin 类描述了常见的具有两个引脚的电子组件的结构

图 2.14　电阻组件

添加一个电容（见图 2.15）的本构方程，并通过同样的方式重用 TwoPin 可以创建电容类。

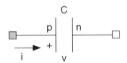

图 2.15　电容组件

```
class Capacitor "Ideal electrical capacitor"
  extends TwoPin;
  parameter Real C(Unit="F") "Capacitance";
equation
  C*der(v) = i;
end Capacitor;
```

在仿真过程中，求解器会将上述组件中的变量 v 和 i 视作时间的函数处理，不断计算 $v(t)$ 和 $i(t)$ 的值（t 指时间变量 time），这样一来 v 和 i

的值在求解的每一时刻都能够满足电容本构方程 $C \cdot \dot{v}(t) = i(t)$ 的约束。

2.10　组件库设计和应用

就像上面我们创建电阻和电容组件一样，我们还可以创建其他各种电子组件类，从而形成一个简单的电子组件库，基于库来构建诸如 SimpleCircuit 的应用模型。设计构造可重用的组件模型库是实现复杂系统高效建模的关键技术。

2.11　示例：电子组件库

下面介绍设计一个小型电子组件库的设计示例，此模型库可以用来创建简单的电路模型，相关的方程也可以从这些组件中获取。

2.11.1　电阻

可以从图 2.14 和图 2.16 所示的电阻模型中提取到四个方程，前三个方程来自继承类 TwoPin，最后一个方程是电阻的本构方程。

```
0 = p.i + n.i
v = p.v - n.v
i = p.i
v = R*i
```

2.11.2　电容

可以从图 2.15 和图 2.17 所示的电容模型中提取到四个方程，最后一个方程是电容的本构方程。

```
0 = p.i + n.i
v = p.v - n.v
```

```
i = p.i
i = C*der(v)
```

2.11.3　电感

电感如图 2.18 所示，下面定义了理想电感的模型。

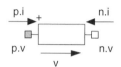

图 2.16　电阻组件

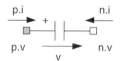

图 2.17　电容组件

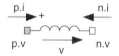

图 2.18　电感组件

```
class Inductor "Ideal electrical inductor"
  extends TwoPin;
  parameter Real L(unit="H") "Inductance";
equation
  v = L*der(i);
end Inductor;
```

从电感模型中可以提取出四个方程，前三个方程来自继承类
TwoPin，最后一个方程是电感的本构方程。

```
0 = p.i + n.i
v = p.v - n.v
i = p.i
v = L*der(i)
```

2.11.4　电压源

在电路示例中涉及的用于产生正弦电压信号的 VsourceAC 类（见图 2.19）定义如下。和其他 Modelica 模型一样，VsourceAC 类也将模型的行为定义为关于时间的函数。请注意，这里用到了 Modelica 预定义的变量 time。为了使模型变得简洁，显式地定义了常量 PI，它通常从 Modelica 的标准库导入。

```
class VsourceAC "Sin-wave voltage source"
  extends TwoPin;
  parameter Voltage VA = 220 "Amplitude";
  parameter Real f(unit="Hz") = 50 "Frequency";
  constant Real PI = 3.141592653589793;
equation
  v = VA*sin(2*PI*f*time);
end VsourceAC;
```

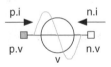

图 2.19　电压源组件，其中 v(t)=VA*sin(2*PI*f*time)

在电压源模型中，可以提取到四个方程，前三个方程是继承自 TwoPin 类：

```
0 = p.i + n.i
v = p.v - n.v
i = p.i
v = VA*sin(2*PI*f*time)
```

2.11.5　接地

最后定义一个接地点的类，它可以实例化为电路中电压的参考值，只有一个引脚（图 2.20）。

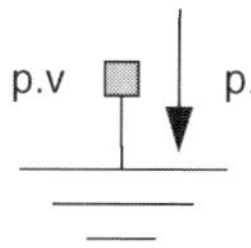

图 2.20　接地组件

```
class  Ground "Ground"
  Pin p;
equation
  p.v=0;
end Ground;
```

接地类中只能提取出一个单独的方程：

```
p.v=0
```

2.12　简单电路模型

至此，已经创建了一个包含简单电子组件的小型模型库，把这些组件装配在一起，可以建立如图 2.21 所示的简单电路模型。

声明两个电阻实例 R1 和 R2 时附带变型方程，用于修改各自的电阻参数值。同样，声明电容实例 C 和电感实例 L 时附带变型方程，分别用于修改电容和电感参数值。电源实例 AC 和接地实例 G 没有变型。定义连接方程，用于连接电路中的各个组件

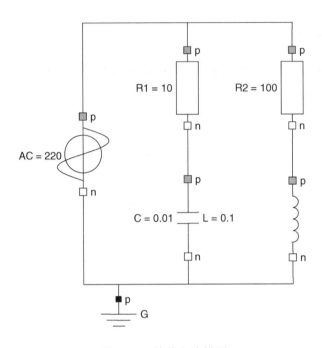

图 2.21　简单电路模型

```
class SimpleCircuit
  Resistor R1(R=10);
  Capacitor C(C=0.01);
  Resistor R2(R=100);
  Inductor L(L=0.1);
  VsourceAC AC;
  Ground G;
equation
  connect(AC.p,R1.p);//1,Capacitor circuit
  connect(R1.n,C.p);//Wire 2
  connect(C.n,AC.n);//Wire 3
  connect(R1.p,R2.p);//2,Inductor circuit
  connect(R2.n,L.p);//Wire 5
  connect(L.n,C.n);//Wire 6
  connect(AC.n,G.p);//7,Ground
end SimpleCircuit;
```

2.13　数组

　　数组是多个同类型变量的集合。通过简单的整数下标访问数组元素，数组下标的下界是 1，上界是数组长度值。数组有两种声明方式，既可以像 java 一样，在类名称后面接方括号注明维数，也可以像 C 语言一样，在变量名称后面接方括号注明维数。例如：

```
Real[3]   positionvector = {1,2,3};
Real[3,3] identitymatrix = {{1,0,0},{0,1,0},{0,0,1}};
Real[3,3,3] arr3d;
```

上面的声明定义了一个三维位置向量、一个变换矩阵和一个三维数组。也可以使用在变量名称后面注明维数的方式，声明方式如下：

```
Real positionvector[3] = {1,2,3};
Real identitymatrix[3,3] = {{1,0,0},{0,1,0},{0,0,1}};
Real arr3d[3,3,3];
```

　　在前两个向量的声明中提供了声明方程，使用数组构造器{}构造数组值来定义 positionvector 和 identitymatrix。数组 A 的索引表示为 A[i,j,...]，其中 1 是索引下界，size(A, k) 是 A 的第 k 维向量的索引上界。通过索引范围运算符:可以构造子矩阵，例如 A[i1:i2, j1:j2] 中的范围 i1:i2 表示索引从 i1 到 i2 的所有元素。

　　数组表达式可以使用算数运算符+、-、*和/来构造，因为这些运算符可以作用于变量、向量、矩阵或元素是 Real 或 Integer 类型的多维数组。乘法运算符*在向量之间使用时表示标量积；在矩阵之间或者矩阵和向量之间使用时，表示矩阵乘法；在数组和标量之间使用时，表示按元素相乘。下面以 positionvector 乘 2 的表达式为例：

```
positionvector*2
```

运算结果为：

```
{2,4,6}
```

与 Java 语言不同，Modelica 中维数大于 1 的数组可视为矩阵阵列，这个观点与 Matlab、Fortran 对待矩阵和多维数组如出一辙。

Modelica 具有许多内置的数组操作函数，部分列举如下：

`transpose(A)`	交换数组 A 的前两维元素
`zeros(n1,n2,n3,…)`	返回全 0 填充的 n1×n2×n3×...整型数组
`ones(n1,n2,n3,…)`	返回全 1 填充的 n1×n2×n3×...整型数组
`fill(s,n1,n2,n3,...)`	返回全由标量表达式 s 代表的值填充的 n1×n2×n3×...的数组
`min(A)`	返回数组所有元素中的最小值
`max(A)`	返回数组所有元素中的最大值
`sum(A)`	返回数组所有元素中的和

带标量形参的标量 Modelica 函数会自动作用于向量参数的每一个元素。例如，A 是一个元素类型为实型的向量，那么 cos(A) 也是一个向量，它的每个元素是 A 中对应元素执行 cos 运算后的结果：

```
cos({1,2,3})={cos(1),cos(2),cos(3)}
```

数组可以通过数组串联操作符 `cat(k,A,B,C,…)` 执行普通的连接操作，即沿第 k 维连接数组 A，B，C，……。例如 `cat(1,{2,3},{5,8,4})`

的结果是{2,3,5,8,4}。

通过[A;B;C;…]和[A,B,C,…]这类特殊语法来实现常见的沿第一维和第二维连接数组，这两种形式也可以混合使用。为了和 Matlab 数组语法（已经成为事实上的标准）兼容，这类特殊操作符中的标量或者向量参数在执行连接之前被提升为矩阵。标量表达形式可以通过用分号分割行和用逗号分隔列来构造矩阵。下面的例子创建了 m×n 的矩阵：

```
[expr₁₁,expr₁₂,...expr₁ₙ;
expr₂₁,expr₂₂,...expr₂ₙ;
...
exprₘ₁,exprₘ₂,...exprₘₙ]
```

遵循使用这些运算符从标量表达式创建一个矩阵的过程，是非常有用的。例如：

```
[1,2;
 3,4]
```

首先，每个标量参数提升为矩阵，如下：

```
[{{1}},{{2}};
 {{3}},{{4}}]
```

因为沿第二维连接的操作符[...,...]比沿第一维连接的[...;...]操作符优先级高，所以第一步连接得到：

```
[{{1,2}};
 {{3,4}}]
```

然后，两个行阵列连接得到 2×2 的矩阵：

```
{{1,2},
```

```
{3,4}}
```

有一种特殊的情况，只用一个标量参数来创建 1×1 矩阵。例如：

```
[1]
```

得到结果矩阵

```
{{1}}
```

2.14　算法结构

虽然方程非常适合物理系统建模以及一些其他任务，但是有些情况下仍然需要非陈述式算法结构，典型的如利用算法对如何开展特定运算进行过程式描述，通常由一系列按照顺序执行的赋值语句构成。

2.14.1　算法区和赋值语句

在 Modelica 语言中，算法语句只能出现在以关键词 `algorithm` 开始的算法区内。算法区也称作算法方程，因为算法区可以被看做包含一个或多个变量的方程组，可以出现在方程区。算法区作用范围一直持续到出现关键词 `equation`、`public`、`protected`、`algorithm`、`end` 为止。

```
algorithm
  ...
  <statements>
  ...
  <some other keyword>
```

下面是一个将算法区嵌入到两个方程区之间的例子，该算法区包含三个赋值语句：

```
equation
  x = y*2;
  z = w;
algorithm
  x1 := z+x;
  x2 := y-5;
  x1 := x2+y;
equation
  u = x1+x2;
  ...
```

注意到算法区（也称算法方程）的代码用到了算法以外的一些变量值，这些变量叫做**算法的输入变量**，例如上面算法中的 x、y 和 z。通过算法赋值的变量叫做**算法的输出变量**，例如上面算法中的 x1 和 x2。一个算法区和以这个算法区为函数体的函数在语义上十分相似，函数的输入、输出形参对应于上面的输入、输出变量。

2.14.2　语句

除了前面的例子中已经用到过的赋值语句，Modelica 还有一些其他的算法语句：if-then-else 语句、for 循环、while 循环和 return 语句等。下面的求和算法同时用到了 while 循环和 if 子句，其中 size(a,1) 返回数组 a 第一维的大小。if 子句的 elseif 和 else 部分是分支选项。

```
sum := 0;
n := size(a,1);
while n>0 loop
  if a[n]>0 then
    sum := sum+a[n];
  elseif a[n]>-1 then
    sum := sum-a[n]-1;
  else
    sum := sum-a[n];
  end if;
  n := n-1;
end while;
```

for 循环和 while 循环都可以通过在循环内使用 break 语句随时终止，这个语句只由关键词 break 和其后的分号构成。

回顾一下 2.6.1 节有关重复方程结构的内容中提到的多项式的计算问题。

```
y:=a[1]+a[2]*x+a[3]*x^1+...+a[n+1]*x^n;
```

使用上面方程进行多项式计算建模时，必须引进一个辅助向量存储 x 的不同次幂。同样的计算可以通过包含 for 循环的算法表示，不需要额外定义辅助向量，只需要使用一个标量变量 xpower 用来存储算法中 x 的最新的幂。

```
algorithm
  y := 0;
xpower:=1;
  for I in 1:n+1 loop
    y := y+a[i]*xpower;
    xpower := xpower*x;
  end for;
  ...
```

2.14.3 函数

函数是任何数学模型的天然组成部分。Modelica 语言预定义了一些数学函数，比如 abs、sqrt 和 mod 等，Modelica 的标准数学库 Modelica.Math 中提供了 sin、cos 和 exp 等其他函数。算数运算符+、-、*和/也可以看作函数，通过简单的运算符语法来使用。因此，Modelica 语言自然也支持用户自定义的数学函数。Modelica 函数的函数体是一块包含过程式算法代码的算法区，当函数被调用时，函数体中的代码将被执行。形参通过关键词 input 指定，结果通过 output 关键词指定。函数定义语法和 block 类定义的语法很相似。

Modelica 函数被视作是**数学函数**，即，不具有全局作用，也不具备记忆性。一个 Modelica 函数对相同的实参总是返回相同的结果。下面给出了 polynomialEvaluator 函数的多项式估值算法代码。

```
function polynomialEvaluator
  input Real a[:];
    //Array,size defined at function call time
  input Real x := 1.0;
    //Default value 1.0 for x
  output Real y;
protected
  Real xpower;
algorithm
  y := 0;
  xpower := 1;
  for i in 1:size(a,1) loop
    y := y+a[i]*xpower;
    xpower := xpower*x;
  end for;
end polynomialEvaluator;
```

函数调用一般是按照参数位置实现实参与形参的关联，例如在下面的函数调用中，实参{1,2,3,4}作为多项式系数向量 a 的值，21 作为形参 x 的值。Modelica 函数中参数是只读的，就是说参数不能在函数代码内被赋值。当函数被调用时，实参的数量必须和形参相等，实参的类型必须与对应形参声明的类型相兼容。允许将任意长度的数组作为实参，传递给以不定长度数组为形参的函数，比如 polynomialEvaluator 函数中的输入形参 a。

```
p = polynomialEvaluator({1,2,3,4},21);
```

函数 polynomialEvaluator 的调用还可以利用命名参数关联的方式来实现实参与形参的关联（见下面的例子）。这种调用形式令代码可读性更好，同时也使维护更加灵活。

比如说,如果函数 `polynomialEvaluator` 的所有调用都采用命名参数关联的方法,那么不仅函数定义中的形参 a 和 x 顺序可以交换,同时还可以引入带默认值的新形参,而不会在调用点引发任何编译错误。带默认值的形参不需要指定实参,除非打算赋予这些形参别的值。

```
p = polynomialEvaluator(a={1,2,3,4},x=21);
```

函数可以有多个返回值。例如,下面的函数 f 具有三个结果参数,分别被声明为输出参数 r1、r2 和 r3。

```
function f
  input Real x;
  input Real y;
  output Real r1;
  output Real r2;
  output Real r3;
  ...
end f;
```

在算法代码内,多返回值的函数只能在特定的赋值语句中调用,如下面的例子,其中左边的变量被赋予对应的函数返回值。

```
(a, b, c) := f(1.0, 2.0);
```

方程中的语法类似:

```
(a, b, c) = f(1.0, 2.0);
```

函数执行到结束处时,或者执行到 `return` 语句时就会返回。

2.14.4　运算符重载和复数

函数和运算符重载允许同一个函数或运算符拥有若干不同的定义,

而其中每一种定义，都有一组不同的输入形参类型。例如，通过重新定义普通的+和*运算，实现复数的加法、乘法等；或者提供若干不同定义的 solve 函数来求解以不同矩阵形式表示的线性矩阵方程组，比如标准密度矩阵、稀疏矩阵和对称矩阵，等等。

实际上，Modelica 语言在有限范围内，已经预定义了一些运算符重载。例如，加法（+）运算符根据数据类型具有几种不同的定义：

● 1+2：两个整型数相加，得到的结果是一个整型数，这里是 3。

● 1.0+2.0：两个浮点型数相加，得到的结果是一个浮点型数，这里是 3.0。

● "ab"+"2"：两个字符串连接，得到的结果是一个字符串，这里是 "ab2"。

● {1,2}+{3,4}：两个整型向量相加，得到的结果是整型向量，这里是 {4,6}。

用户自定义数据类型的重载运算符可以用 operator record 和 operator function 声明来定义。这里以 Complex 类型的运算符重载举例说明：

```
operator record Complex "Record defining a Complex number"

  Real re "Real part of complex number";
  Real im "Imaginary part of complex number";

  encapsulated operator 'constructor'
    import Complex;

    function fromReal
      input Real re;
      output Complex result = Complex(re=re, im=0.0);
        annotation(Inline=true);
    end fromReal;
  end 'constructor';

  encapsulated operator function '+'
```

```
    import Complex;
      input Complex c1;
      input Complex c2;
      output Complex result "Same as:c1+c2";
        annotation(Inline=true);
    algorithm
      result := Complex(c1.re+c2.re,c1.im+c2.im);
    end '+';
end Complex;
```

以上的例子中，首先从复数的运算符结构体定义开始，定义其实数部分 re 和虚数部分 im 为两个字段。然后声明只含一个输入参数的 fromReal **构造函数定义**，用于替代 Complex 结构体中隐式定义的具有两个输入参数的默认构造函数，接着是运算符'+'的重载运算符定义。

这些定义的用法见以下的例子：

```
Real a;
Complex b;
Complex c = a+b;
  //Addition of Real number a and Complex number b
```

第三行代码最有意思，加法表达式 a+b 是一个实数 a 和一个复数 b 相加。本来没有用于复数的加法运算符，但是上面定义了用于两个复数相加的重载运算符'+'。Modelica 编译器在处理两个复数相加的语义时会马上查找匹配到这个定义。

但这个例子中是一个实数和一个复数相加。幸运的是，重载运算符在编译查找过程中能够处理这种情况，前提是 Complex 结构体的定义中存在可以把实数转换为复数的构造函数。此例中正好有这样的构造器，即 fromReal。

注意，Complex 在 Modelica 标准库中已经定义，可以直接使用。

2.14.5　外部函数

模型中可以调用在 Modelica 以外定义，并用 C 或者 Fortran 语言实现的函数。如果没有指定外部语言，默认为 C 语言实现。Modelica 外部函数通过函数声明中的关键词 external 进行标识。

```
function log
  input Real x;
  output Real y;
external
end log;
```

外部函数接口支持一些高级特征，例如，输入-输出参数（即参数同时作为输入和输出）、局部数组、外部函数的实参顺序、显式指定按行主存储还是按列主存储的数组布局等。例如下例中，函数 leastSquares 中形参 Ares 对应于 dgels 中的一个输入-输出参数，dgels 调用时，先以 Ares 的默认值 A 作为输入，然后计算返回结果至 Ares 存储。Modelica 外部函数参数的顺序和使用是可以控制的。下面的程序中使用这个功能将数组维数的大小显式传递给 Fortran 子程序 dgels。一些像 dgels 的旧式 Fortran 程序需要工作数组，这可以用在关键词 protected 后的局部变量方便地处理。

```
function leastSquares "Solves a linear least squares problem"
  input Real A[:,:];
  input Real B[:,:];
  output Real Ares[size(A,1),size(A,2)] := A;
    //Factorization is returned in Ares for later use
  output Real x[size(A,2),size(B,2)];
protected
  Integer lwork = min(size(A,1),size(A,2))+
                  max(max(size(A,1),size(A,2)),size(B,2))*32;
  Real work[lwork];
  Integer info;
  String transposed="NNNN";
    //Work around for passing CHARACTER data to
    //Fortran routine
```

```
external "FORTRAN77"
dgels(transposed,100,size(A,1),size(A,2),size(B,2),Ares,
    size(A,1),B,size(B,1),work,lwork,info);
end leastSquares;
```

2.14.6　函数化的算法

编程语言在设计语义结构时，函数的概念是其基本组成，某些编程语言就完全是按照数学函数来设计的。因此，Modelica 也是从函数的角度设计了算法区的语义。例如下面的算法区，它出现在一个方程的上下文环境中：

```
algorithm
  y := x;
  z := 2*y;
  y := z+y;
  ...
```

这个算法可以语义等价地转换为下面的方程和函数，方程左侧为上述算法的输出变量，右侧为函数 f 的调用。函数 f 的输入形参是算法的输入变量，结果参数是算法的输出变量。算法区的代码变成了函数 f 的函数体。

```
(y,z) = f(x);
...
function f
  input Real x;
  output Real y,z;
algorithm
  y := x;
  z := 2*y;
  y := z+y;
end f;
```

2.15 离散事件和混合建模

宏观物理系统的变化，比如机械系统中的物体运动、电气系统中的电流电压变化、化学反应等，通常都遵照物理定律连续演绎，如同一个关于时间的函数。这类系统称为具有连续动态特性。

另一方面，有时需要将某些系统组件的行为近似成离散行为，离散行为是指系统变量值只在特定时间点上瞬时的、不连续的发生改变。

在实际物理系统中，变化可以是非常快但不是瞬时的，例如，动力学的刚性碰撞问题，一个弹跳的球几乎瞬间改变了运动方向；电路中的开关操作能极快地改变电压值；以及化工厂中的阀门和泵等。下面讨论具有离散时间动态特性的系统组件。系统建模时进行离散近似，能够有效地简化数学模型，可以使模型求解易于收敛，计算速度可提高几个数量级。

为此，Modelica 支持定义具有**离散时间可变性**的变量，即变量只在特定的时间点（也称为**事件**）才改变值，在事件之间它们的值保持不变，如图 2.22 所示。离散时间变量包括通过前缀 discrete 声明的实型变量，以及整型、布尔型和枚举型变量（后三者都默认在时间上是离散的，不具有连续性）。

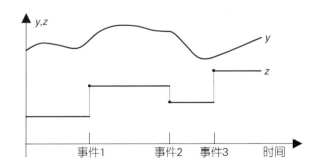

图 2.22　离散时间变量仅在事件瞬间改变值，而连续时间变量可以在事件之间和
事件处改变值

离散时间近似法只能应用到特定的子系统中，然而工程中经常遇到包含连续和离散组件交互作用的系统模型。这样的系统叫做**混合系统**，对应的建模技术叫做**混合建模**。混合数学模型的引入会给模型求解带来困难，但是它的优势远远大于缺点。

Modelica 语言提供如下两种结构用于表达混合模型：用条件表达式或条件方程来描述分段模型；用 when 方程来表达只在离散点时有效的方程。例如可以利用 if-then-else 条件表达式对不同工况下的不同行为进行建模，下面的方程描述了一个截断器：

y= **if** v > limit **then** limit **else** v;

理想二极管模型是一个更完整的条件模型示例。实际物理二极管的特性如图 2.23 所示，理想二极管参数化的特性如图 2.24 所示。

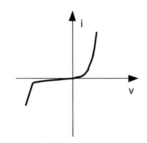

图 2.23　真实二极管特性

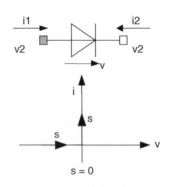

图 2.24　理想二极管特性

　　因为在普通的电压-电流关系图中，理想二极管电压大小可能趋向无穷大，所以参数化的描述更合理，其中电压 v 和电流 i 以及 i1 都是参数 s 的函数。当二极管关闭时，没有电流通过，电压是负值，当二极管开启时，二极管两端没有电压差，有电流通过。

```
model Diode "Ideal diode"
  extends TwoPin;
  Real s;
  Boolean off;
equation
  off = s<0;
  if off
    then v = s;
    else v = 0;//conditional equations
  end if;
  i = if off then 0 else s;
    //conditional expression
end Diode;
```

　　Modelica 引入 when 方程用来表达**瞬时方程**，即方程只在特定的时间点有效，比如发生在特定条件为真的离散点（称作**事件**）。下面介绍包含一组条件的 when 方程的语法（当然也可以只使用一个条件）。当这些条件中至少有一个条件为真时，**when** 方程中的方程被激活，激活状态保持的时间是瞬时的，接近于零。

```
when {condition1, condition2, ...} then
  <equations>
end when;
```

　　弹跳小球就是一个混合建模的典型示例，其建模中用到了 when 方程。小球的运动通过球的高度 hcight 和速度 velocity 来描述。小球在两次触地弹起期间连续地运动，当接触到地面弹起时，离散事件发生，如图 2.25 所示。当小球相对地面反弹时，其速度是相反的。理想小球的弹性系数是 1，弹跳过程中没有能量损失。下面所建模型中的小球更接近实际，弹性系数是 0.9，使它弹跳后的速度变为原来的 90%。

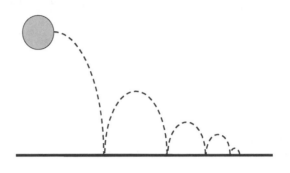

图 2.25 弹跳小球

弹跳小球模型中包含两个基本的运动方程，将高度、速度和重力引起的加速度联系在一起。在弹跳的瞬间，速度是突然变化的，然后慢慢减小，即 velocity（弹跳前）=-c*velocity（弹跳后），这里需要用到特殊语法 reinit 实现，即：reinit(velocity,-c*pre(velocity))，此时，将重新初始化 velocity 变量。

```
model BouncingBall "Simple model of a bouncing ball"
  constant Real g = 9.81 "Gravity constant";
  parameter Real c = 0.9 "Coefficient of restitution";
  parameter Real radius = 0.1 "Radius of the ball";
  Real height(start=1) "Height of the ball center";
  Real velocity(start=0) "Velocity of the ball";
equation
  der(height) = velocity;
  der(velocity) = -g;
  when height<=radius then
    reinit(velocity,-c*pre(velocity));
  end when;
end BouncingBall;
```

注意，when 方程区中的方程只在条件为真的瞬时是有效的，而 if 方程只要条件为真，则条件下的方程一直是有效状态。

如果仿真时间足够长，小球会掉到地面以下。仿真的这种奇怪现象叫做芝诺效应，原因在于仿真器事件检测机制的浮点数精度有限，有些事件间隔极其接近的（非物理）模型仿真也会出现这个问题。小球弹跳例 子 的 真 正 问 题 是 撞 击 行 为 建 模 不 够 逼 真 ， 方 程 `new_velocity=-c*velocity` 对非常小的速度不成立。一个简单的修补方法就是定义一种条件，当小球穿过地面时，将转向另外一个方程，表示小球落在地面上。一个更好但更复杂的解决方案是建立具有真实材料属性的模型。

2.16　包

当开发不同应用领域的可重用 Modelica 类和函数库时，命名冲突是一个无法回避的主要问题。无论类和变量命名是多么严谨，其他人出于不同目的也可能使用同样的名称。如果喜欢使用简称，命名冲突的问题将变得更加严重，因为这类名称简单易用且常见，所以在其他代码中用到的可能性也非常大。

解决命名冲突的一种常见方案是在一组相关的名称前加上简短的前缀，并组织到同一个包里。例如，X-Windows 工具中的名称都有前缀 Xt，32 位的 WindowsAPI 中名称都有前缀 WIN32。这种方法在数量较小的包中很有效，但随着包数量的增加，命名冲突的可能性增大。

许多编程语言（比如 Java、Ada 以及 Modelica）通过包的概念提供了一种更安全、更系统的避免命名冲突的方式。包就是一个类、函数、常数和其他定义的名称容器或命名空间。包的名称通过标准点运算符前缀固定在包中每个定义之前。定义可以导入到包的命名空间中。

Modelica 把包定义为一个增强的受限类。因此，可以通过继承把定义导入到另一个包的命名空间中，但这种操作有概念上的问题，即为了导入命名空间而进行继承并不是一个包的特化。为此，Modelica 为包提供一种 import 语言结构。下面的例子导入了 Modelica.SIunits 中包括类型名 Voltage 在内的所有定义，所以变量 v 声明时不需要包名称作为前缀。作为对比，变量 i 的定义使用类型 Ampere 的全名 Modelica.SIunits.Ampere（当然这里也可以直接使用 Ampere 来声明）。类型 Ampere 的全名此时依然可以使用，是因为 Modelica 编译器在处理类型时会通过在最顶层的 Modelica 标准库一层一层地查找到它。

```
package MyPack
  import Modelica.SIunits.*;

  class Foo;
    Voltage v;
    Modelica.SIunits.Ampere i;
  end Foo;

end MyPack;
```

将一个包中的定义导入到另一个包的方法有一个缺点，就是一个包中新导入的定义可能与包中已有的定义命名相冲突。例如，如果 Modelica.SIunits 中再定义一个名称为 v 的元素，那么 MyPack 中会出现编译错误。

因此建议引入简短方便的别名以取代较长的包前缀，这样的话当库中增加新的定义时就不会出现这种命名冲突的问题了。给命名空间取别名的办法可以通过 import 语句重命名的方式来实现，下面的 MyPack 例子中引入了包的别名 SI 来取代较长的 Modelica.SIunits。

MyPack 还有一个缺点，即 Ampere 类型需要 Modelica 编译器嵌套查询获得，而不是通过显式的 import 语句导入定义。因此，在最差的情况下，为了找到这样的依赖关系和它们涉及的声明，必须做以下工作：

● 编译器扫描当前包的所有源代码，工作量可能非常大。
● 编译器搜索所有包含当前包的包，即上一个层级，因为标准的嵌套查询允许类型和其他定义在当前位置以上层次的任何地方声明。

一个**设计良好的包**应该通过 `import` 语句**显式**地说明其所有的依赖关系，这会简化 Modelica 编译器的类型查找处理。以下面的 `MyPack` 为例，通过在 `package` 关键词前面添加 `encapsulated` 创建一个这样的包。这样阻止在包外面进行嵌套查询，确保所有与当前位置外面的包的依赖关系用 `import` 语句显式说明。这种封装的包表示一个独立的代码单元，和 Java、Ada 等其他语言中包的对应概念更接近。

```
encapsulated package MyPack
  import SI = Modelica.SIunits;
  import Modelica;

  class Foo;
    SI.Voltage v;
    Modelica.SIunits.Ampere i;
  end Foo;
  ...

end MyPack;
```

2.17　注解

注解是与 Modelica 模型关联的附加信息。这些附加信息被 Modelica 环境使用，例如支持文本或图形模型编辑。大多数注解对仿真执行没有影响，即如果注解被删除，仍然能得到相同的结果，但是也有例外。注解的语法如下所示：

```
annotation(annotation_elements)
```

其中 `annotation_elements` 是用逗号隔开的注解元素列表，注解元素可以是任何与 Modelica 语法兼容的表达式。下面以电阻类的注解为例，表示了图形化模型编辑器中使用的电阻图标：

```
model Resistor
  ...
  annotation(Icon(coordinateSystem(
   preserveAspectRatio=true,
   extent={{-100,-100},{100,100}},grid={2,2}),
   graphics={Rectangle(
   extent={{-70,30},{70,-30}},
   lineColor={0,0,255},fillColor={255,255,255},
   fillPattern=FillPattern.Solid),
   Line(points={{-90,0},{-70,0}},
    color={0,0,255}),
   ...
  );
end Resistor;
```

另一个例子是关于预定义的注解 choices，用于创建图形化用户接口菜单：

```
annotation(choices(choice=1 "P", choice = 2 "PI", choice = 3
"PID"));
```

用户不想按 C（默认按行主储存）和 Fortran 77 （默认按列主储存）的默认布局存储数组时，可以利用外部函数注解 arrayLayout 用于显式指定数组的布局（这是注解影响仿真结果的极少数情况之一，显然，错误的数组布局注解会影响矩阵计算）。示例如下：

```
annotation(arrayLayout = "columnMajor");
```

2.18 命名规范

读者可能已经注意到了本章中示例的类名和变量名的命名具有固定的样式。实际上，采用了下面介绍的一些命名规范。这些命名规范已经被 Modelica 标准库采用，以提高代码的可读性，减小命名冲突的风险。本书中的大部分例子遵守都采用如下命名规范，同时也推荐大家采用：

● 类型和类名（通常不包括函数）总是以大写字母开头，例如 Voltage。

● 变量名以小写字母开头，例如 body，有些一个字母的变量名除外，例如表示温度的 T。

● 由几个单词组成的名称的每个词的首字母大写，第一个单词的首字母按照以上的规则书写，例如 ElectricCurrent、bodyPart。

● 下划线只用在名称的结尾或者名称中一个单词的结尾，表征下限或上限指标，例如 body_low_up。

● 连接器实例模型中首选用 p 和 n 表示正极和负极，一些类型相同的连接器经常出现双向组件，其名称变量包含 a 和 b，例如 flange_a 和 flange_b。

2.19　Modelica 标准库

Modelica 强大的建模功能主要是因为模型类易于重用。特定领域的相关类被组织到包中，便于用户查找使用。

Modelica 协会开发和维护 Modelica 语言的同时，还开发维护了 Modelica 标准预定义包，即所谓的 **Modelica 标准库**。标注库中提供了常量、类型、连接器类、抽象类和来自不同应用领域的组件模型类，以子包的形式分类组织。

Modelica 标准库种类和数量在逐年增加，下面是目前可用的一部分 Modelica 标准库：

Modelica.Constants	数学、物理等领域常见的常数
Modelica.Icons	一些包中用到的图标定义的图形布局
Modelica.Math	常见的数学函数定义
Modelica.SIUnits	SI 标准名称和单位的类型定义
Modelica.Electrical	常见的电子组件模型

Modelica.Blocks	框图建模使用的输入-输出块
Modelica.Mechanics. 　Translational	一维机械传动组件
Modelica.Mechanics. 　Rotational	一维机械旋转组件
Modelica.Mechanics. 　MultiBody	多体库-三维机械刚性多体模型
Modelica.Thermal	热力学、热流以及类似的组件
...	...

还有一些关于热力学、液压系统、动力系统和数据通信等应用领域有库可供使用。

在本书首页所说明的 Modelica 许可证的条件下，Modelica 标准库可以免费用于非商业和商业目的，标准库的所有文档和源代码可以在 Modelica 网站上获得。

到目前为止，本书介绍的模型都是由单一领域的组件构建。然而，Modelica 的主要优势之一是多领域建模能力。图 2.26 所示的 DC 电机模型是一个可说明这种功能的最简单例子。这个模型包含来自三个领域的

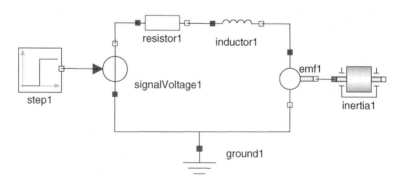

图 2.26　具有机械、电气和信号块等多领域组件的 DCMotorCircuit 模型

组件，分别是机械、电气和信号块，对应于 Modelica.Mechanics、

`Modelica.Electrical` 和 `Modelica.Blocks` 三个模型库。

　　在可视化建模编辑器中，可以非常简便地使用和集成来自不同库的模型组件，图 2.27 展示了 DC 电机模型的例子，左边的窗口显示了 `Modelica.Mechanics.Rotational` 模型库，可视化建模时，可以从中拖曳组件图标并放置于中间的窗口。

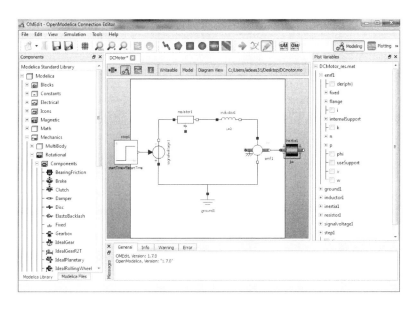

图 2.27　使用左侧窗口中的 Modelica.Mechanics.Rotationallibrary 进行电气直流电机模型的可视化建模

2.20　Modelica 实现和执行

　　为了更好地理解 Modelica 的工作流程，了解 Modelica 模型的编译和执行过程是很有用的，如图 2.28 所示。首先，Modelica 源代码经分析被转换为一种内部表达形式，通常是抽象的语法树。这一过程中，完成语法树的分析和类型的检查，以及类的继承和扩展，执行变型和实例化，并将连接方程转换成标准方程等。经过分析和翻译会得到一组平坦化的方程、常数、变量和函数定义。此时的模型，除了变量名称包含点号，再也没有半点面向对象的痕迹。

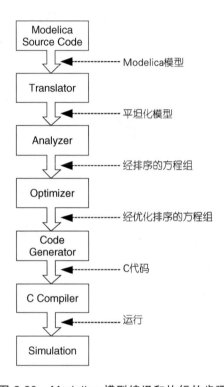

图 2.28 Modelica 模型编译和执行的步骤

经过平坦化处理，所有方程组会根据方程组之间的数据流依赖关系进行拓扑排序。对于微分代数方程组（DAEs）而言，不仅进行排序，而且操作方程系数矩阵变换为下三角形式，称作 BLT 变换。然后通过包含代数化简算法和符号指标约简方法等的优化器执行，消除大部分的方程，至一组最小方程集，用于最后的数值求解。举个例子，如果有两个语义上等价的方程组出现，那么只保留其中的一个方程组。方程完成排序后，建立了方程估值和数值求解器迭代步的执行顺序，此时，独立的显性方程组被转换为赋值语句；对于强耦合的方程组，利用符号求解器转化，执行一系列代数变换来简化变量之间的依赖关系。如果一组微分方程具有符号解，也可以利用符号的方法对其进行求解。最后，生成 C 代码，与数值方程求解器链接，求解处理后大幅精简的方程系统。

初始值取自模型定义或以交互方式由用户指定。如果有必要，用户也可以指定参数的值。DAE 数值求解器计算变量在指定的仿真时间 [t0,t1] 内的值。动态系统的仿真结果是一组有关时间的函数，例如简单电路模型中的 R2.v(t)，这些函数用于图形化变量显示或者作为变量结果储存于文件中。

在大多数情况下生成的仿真代码（包括求解器）的执行效率和书写的 C 代码相同。Modelica 通常比直接编写的 C 代码更有效率，因为和程序员人工处理的代码相比，Modelica 编译系统会使用额外的符号优化。

2.20.1　手工编译简单电路模型

让我们再一次回顾图 2.7 所示的简单电路模型，为便于阅读，也将此模型展示在图 2.29 中。为了理解编译过程，以下步骤引导读者手工编译电路模型。

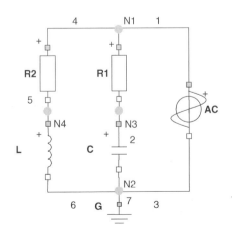

图 2.29　回顾简单电路模型，标记连接节点 N1、N2、N3、N4，以及连接线 1-7

根据以下的规则，类、实例和方程被编译成一组平坦化的方程、常数和变量（方程见表 2.1）。

表 2.1 隐式 DAE 系统-从简单电路模型中提取的方程

AC	0 = AC.p.i+AC.n.i	L	0 = L.p.i+L.n.i
	AC.v = Ac.p.v-AC.n.v		L.v = L.p.v-L.n.v
	AC.i = AC.p.i		L.i = L.p.i
	AC.v = AC.VA*		L.v = L.L*der(L.i)
	sin(2*AC.PI*		
	AC.f*time);		
R1	0 = R1.p.i+R1.n.i	G	G.p.v = 0
	R1.v = R1.p.v-R1.n.v		
	R1.i = R1.p.i		
	R1.v = R1.R*R1.i		
R2	0 = R2.p.i+R2.n.i	wires	R1.p.v = AC.p.v //wire 1
	R2.v = R2.p.v-R2.n.v		C.p.v = R1.n.v //wire 2
	R2.i = R2.p.i		AC.n.v = C.n.v //wire 3
	R2.v = R2.R*R2.i		R2.p.v = R1.p.v //wire 4
			L.p.v = R2.n.v //wire 5
			L.n.v = C.n.v //wire 6
			G.p.v = AC.n.v //wire 7
C	0 = C.p.i+C.n.i	flow	0 = AC.p.i+R1.p.i+R2.p.i //N1
	C.v = C.p.v-C.n.v	at	0 = C.n.i+G.p.i+AC.n.i+L.n.i //N2
	C.i = C.p.i	node	0 = R1.n.i+C.p.i //N3
	C.i = C.C*der(C.v)		0 = R2.n.i+L.p.i //N4

1. 把每个实例的所有方程，拷贝添加到总的代数微分方程系统（DAE）或常微分方程系统（ODE）中，两者都可以，因为多数情况下 DAE 可以转换为 ODE。

2. 对于模型中所有实例间的连接，将连接方程添加到 DAE 系统中，势变量相等，流变量的和为零。

方程 v=p.v-n.v 是由类 TwoPin 定义的。Resistor 类继承了 TwoPin 类，包括这个方程。SimpleCircuit 类包含一个 Resistor 类型的变量 R1。将 R1 的此方程实例化，得到 R1.v=R1.p.v-R1.n.v，包含到方程系统中。

模型中的线 1 表示 connect(AC.p,R1.p)，变量 AC.p 和 R1.p 都是 Pin 类型。势变量 v 表示电压，因此，生成方程 R1.p.v=AC.p.v。当势变量被连接时，就生成等式。

请注意另一根线 4 也连接在 R1.p 上，这表示另外一个连接方程：connect(R1.p,R2.p)。变量 i 是流变量，故生成方程 AC.p.i+R1.p.i+R2.p.i=0。根据基尔霍夫第一定律，当流变量被连接时，将生成零和方程。

SimpleCircuit 类生成的完整方程组（见表 2.1）由 32 个代数微分方程组成。这些方程包含 32 个变量，还有 time、一些参数和常数。

表 2.2 给出了方程系统的 32 个变量，其中 30 个是代数变量，即没有出现它们的导数项。变量 C.v 和 L.i 是动态变量，即方程中出现了它们的微分。在此例中，动态变量是状态变量，因为 DAE 方程被简化为 ODE 方程。

表 2.2　简单电路模型中的变量

R1.p.i	R1.n.i	R1.p.v	R1.n.v	R1.v
R1.i	R2.p.i	R2.n.i	R2.p.v	R2.n.v
R2.v	R2.i	C.p.i	C.n.i	C.p.v
C.n.v	C.v	C.i	L.p.i	L.n.i
L.p.v	L.n.v	L.v	L.i	AC.p.i
AC.n.i	AC.p.v	AC.n.v	AC.v	AC.i
G.p.i	G.p.v			

2.20.2　状态空间转化

表 2.1 中的代数微分方程组在数值求解前应该进一步转换和简化。下一步就是判断 DAE 系统中变量的类型，变量分为以下四类：

1. 参数变量：用前缀关键词 parameter 声明的变量，即为模型的参数，在仿真前可修改。这些参数被收集到一个参数向量 p 中（所有的常数变量直接被其值所取代，即命名常数变量被清除了）。

2. 输入变量：用前缀关键词 input 声明的具有输入属性的变量，出现在最高层次的实例中，这些变量被收集到输入向量 u 中。

3. 动态变量：模型中出现对应导数项的变量，即运算符 der() 作用的变量，它们被收集到状态向量 x 中。

4. 代数变量：模型中没有出现对应导数项的变量，被收集到向量 y 中。

简单电路模型中的这四类变量如下：

```
p={R1.R,R2.R,C.C,L.L,AC.VA,AC.f}
u={AC.v}
x={C.v,L.i}
y={R1.p.i,R1.n.i,R1.p.v,R1.n.v,R1.v,R1.i,R2.p.i,R2.n.i,R2.p.v,
R2.n.v,R2.v,R2.i,C.p.i,C.n.i,C.p.v,C.n.v,C.i,L.n.i,L.p.v,L.n.v, L.v,
AC.p.i,AC.n.i,AC.p.v,AC.n.v,AC.i,AC.v,G.p.i,G.p.v}
```

我们想要把问题表示成尽可能简单的 ODE 系统（一般情况是 DAE 系统），然后从这个最小化问题的解中计算所有变量的值。显式的状态空间是方程系统的首选表示形式，如下所示：

$$\dot{x} = f(x, t) \tag{2.3}$$

即，状态向量 x 关于时间的导数 $\dot{x}$，等于一个关于 x 和时间的函数。对常微分方程使用迭代的数值求解方法，在每个迭代步，利用当前时间点的状态向量计算它的导数。

简单电路模型具有以下的状态空间形式：

```
x={C.v,L.i},u={AC.v}
(with constants:R1.R,R2.R,C.C,L.L,AC.VA,AC.f,AC.PI)
```

$$\dot{x} = \{\mathbf{der(C.v)}, \mathbf{der(L.i)}\} \tag{2.4}$$

2.20.3　求解方法

我们将用到一种迭代的数值求解方法。首先，假设状态向量 x={C.v,L.i} 的估值在 t=0 的仿真初始时间是可用的。取近似值代表导数 $\dot{x}$（即 der(x)）在 t 时刻的值，如：

$$\mathbf{der}(x) \ = \ (x(t+h) \ - \ x(t))/h \tag{2.5}$$

给出 x 在时间 t+h 的近似值：

$$x(t+h) \ = \ x(t) \ + \ \mathbf{der}(x)*h \tag{2.6}$$

如此一来，状态变量 x 的值在每次迭代的前一步被算出，der(x) 在当前仿真时刻被算出。状态变量的导数 der(x) 通过 $\dot{x} = f(x, t)$ 计算，即选择包含 der(x) 的方程，然后用代数的方法转化为向量 x 与其他变量的关系，如下所示：

$$\mathbf{der}(C.v) \ = \ C.i/C.C$$
$$\mathbf{der}(L.i) \ = \ L.v/L.L \tag{2.7}$$

DAE 系统中的其他方程用来计算上式中的未知数 C.i 和 L.v。首先计算 C.i，联立若干相关的方程，并进行简单的代数转换，推导出方程（2.8）至（2.10）：

$$C.i \ = \ R1.v/R1.R \tag{2.8}$$

使用：C.i = C.p.i = -R1.n.i = R1.p.i = R1.i = R1.v/R1.R

$$R1.v \ = \ R1.p.v-R1.n.v \ = \ R1.p.v-C.v \tag{2.9}$$

使用：R1.n.v = C.p.v = C.v+C.n.v = C.v+AC.n.v

$$= \ C.v+G.p.v \ = \ C.v+0 \ = \ C.v$$

$$R1.p.v \ = \ AC.p.v \ = \ AC.VA*sin(2*AC.f*AC.PI*t) \tag{2.10}$$

使用：AC.p.v = AC.v+AC.n.v = AC.v+G.p.v

$$= \ AC.VA*sin(2*AC.f*AC.PI*t) \ + \ 0$$

通过相似的方式，得到下面的方程(2.11)和(2.12)：

$$L.v = L.p.v-L.n.v = R1.p.v-R2.v \qquad (2.11)$$

使用：$L.p.v = R2.n.v = R1.p.v-R2.v$

和：$L.n.v = C.n.v = AC.n.v = G.p.v = 0$

$$R2.v = R2.R*L.p.i \qquad (2.12)$$

使用：$R2.v = R2.R*R2.i = R2.R*R2.p.i$

$$= R2.R*(-R2.n.i) = R2.R*L.p.i$$

$$= R2.R*L.i$$

合并以上五个方程：

$$\begin{cases} C.i & = R1.v/R1.R \\ R1.v & = R1.p.v-C.v \\ R1.p.v & = AC.VA*sin(2*AC.f*AC.PI*time) \\ L.v & = R1.p.v-R2.v \\ R2.v & = R2.R*L.i \end{cases} \qquad (2.13)$$

按照数据依赖关系的顺序对方程排序，将方程转换为赋值等式，这种转换是可行的，因为现有所有的变量都按顺序计算。现在得到在每次迭代中所要计算的赋值方程组，在同一次迭代中给出 C.v、L.i 和 t 的值：

```
R2.v        : = R2.R*L.i
R1.p.v      : = AC.VA*sin(2*AC.f*AC.PI*time)
L.v         : = R1.p.v-R2.v
R1.v        : = R1.p.v-C.v
C.i         : = R1.v/R1.R
der(L.i)    : = L.v/L.L
der(C.v)    : = C.i/C.C
```

这些赋值语句随后转换为 C 代码，与合适的 ODE 求解器一起执行，通常采用比上述简单算法更好的导数近似方法和更精细的前向迭代法，这种方法称作 **Euler 法**。在简单电路模型示例中，我们手工进行代数转换和排序会有点麻烦，该过程可基于 **BLT 转换**，即将方程系数矩阵转化为下三角形式（见图 2.30），由计算机完全自动化的完成。剩下的 26 个代数变量不属于上面已求解的最小 7-变量核心 ODE 系统，可以在核心 ODE 迭代计算的间隙中进行求解。

	R2.v	R1.p.v	L.v	R1.v	C.i	L.i	C.v
R2.v = R2.R*L.i	1	0	0	0	0	0	0
R1.p.v AC.VA*sin(2*AC.f*AC.PI*time)	0	1	0	0	0	0	0
L.v = R1.p.v - R2.v	1	1	1	0	0	0	0
R1.v = R1.p.v - C.v	0	1	0	1	0	0	0
C.i = R1.v/R1.R	0	0	0	0	1	0	0
der(L.i) = L.v/L.L	0	0	1	0	0	1	0
der(C.v) = C.i/C.C	0	0	0	0	1	0	1

图 2.30　SimpleCircuit 例子中变量-方程关系的下三角矩阵块形式

应该强调的是，图 2.31 中所示的简单电路实例的仿真是极为简单的，现实的仿真模型经常包含成千上万的方程、非线性方程、连续离散混合等。实际的 Modelica 编译器执行的符号转换和方程系统简化都比示例复杂得多，譬如方程指标约简和方程子系统的分解，详见 Index reduction performs symbolic(Fritzson,2004)。

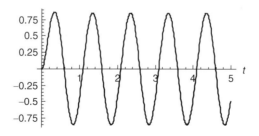

图 2.31　SimpleCircuit 模型中电容压降 C.v 的仿真结果曲线

```
simulate(SimpleCircuit,stopTime = 5)]
plot(C.v,xrange = {0,5})
```

2.21 发展历程

1996 年 9 月，一群工具设计师、工程应用专家和计算机科学家一起工作，致力于面向对象建模技术及其应用的研究。团队包括面向对象建模语言 Dymola、Omola、ObjectMath、NMF、Allan-U.M.L、SIDOPS+和 Smile 的专家，他们甚至无法全员参加第一次会议。最初，团队的目标是编写一本面向对象建模语言技术的白皮书，包括已存在建模语言的统一，作为欧洲基础研究工作团队（SiE-WG）ESPRIT 仿真计划的一部分。

但是，工作很快集中到一个更宏大的目标，即基于以前的设计经验，开发一种全新的统一面向对象建模语言。设计者白手起家，致力于统一所有的概念来创建一种通用语言，这种新语言就叫做 Modelica。

团队很快在 EuroSim 内部为自己创建了 1 号学术委员会，也是计算机仿真国际学会（the Society for Computer Simulation International）内的 Modelica 语言技术组。2000 年 2 月，建立了独立的非营利国际组织——Modelica 协会，支持和促进 Modelica 语言和标准库的开发和推广。

经过数次密集的设计会议，Modelica 语言描述的第一个版本 1.0 在 1997 年 9 月推出。编写本书英文版时，最新版本是 Modelica3.2（译本出版前的最新版本是 Modelica3.4），这是包括 34 次为期三天的设计会议在内的大量工作的成果。目前有七个完全商业化的工具支持 Modelica 文本和图形建模和仿真，还有一些几乎完全开源的工具和半通用化的软件原型。建立了数量巨大且持续增长的 Modelica 标准库，可供使用。Modelica 语言在工业界和学术界推广迅速。

回顾 Modelica 的发展过程并思考 Modelica 技术，会发现两个明显的关键点：

- Modelica 语言包括方程，但方程在大多数编程语言中不常见。
- 基于预定义的组件，Modelica 技术包含图形化的应用模型设计能力。

关于第一点，实际上方程在人类的历史中应用非常早，公元前 3000 年已经出现。在那时，用于方程的著名等号还没有发明。直到很久以后，Robert Recorde 在 1557 年将等号引入到方程中，其形式如图 2.32 所示。

采用现代数学语法，牛顿运动定律如下所示：

$$\frac{d}{dt}(m \cdot v)=\sum\nolimits_{i} F_{i} \tag{2.14}$$

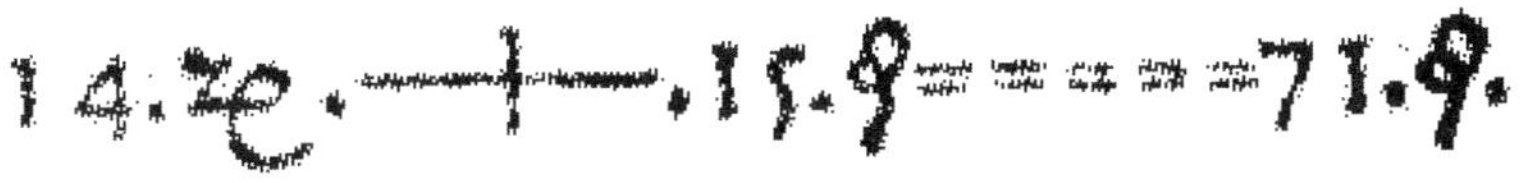

图 2.32　Robert Recorde 在 1557 年发明的方程符号（来自文献 Gottwald et al.(1989)中第 81 页图 4.1-1，Thompson 公司提供）

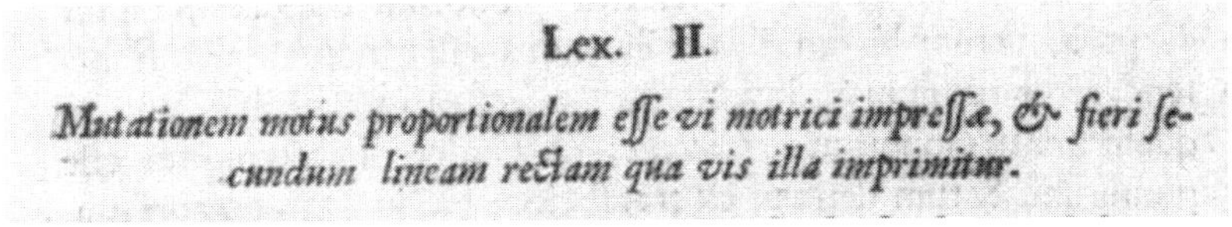

Lex. II.

Mutationem motus proportionalem esse vi motrici impressæ, & fieri secundum lineam rectam qua vis illa imprimitur.

图 2.33　著名的牛顿第二运动定律（拉丁文版），“物体运动状态的变化和对它作用的力成正比”（来自文献 Fauvel et al.(1990)第 51 页图“牛顿运动定律”，牛津大学出版社提供）

这是一个微分方程的例子。最早用于求解这类方程的仿真器是模拟的。主要思想是利用常微分方程对系统进行建模，然后制造遵守这些方程的物理设备。早期的模拟仿真器是机械设备，但是从 19 世纪 50 年代起，电子模拟仿真器成为主流。许多加法器、乘法器和积分器以及类似的电子模块以图 2.34 的形式通过电缆连接在一起。

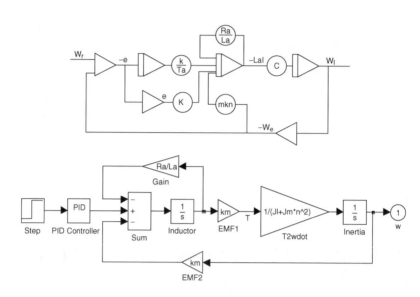

图 2.34　模拟计算仿真与现代数字计算机上的框图建模仿真对比

（Karl-Johan AAström 和 Hilding Elmqvist 提供）

就进一步的发展而言，相当长的一段时间内，方程在计算机语言中都极为罕见。尽管开发了 Lisp 系统和计算机代数系统的早期版本，但大部分用于符号操作而不是直接仿真。

然而，很快出现了许多数字计算机的仿真语言。第一个基于方程的建模工具是 Speed-Up，在 1964 年推出，是用于化学工程和设计的程序包。随后，在 1967 年，第一个面向对象的编程语言 Simula 67 出现了，Simula 67 对编程语言和后来的建模语言都有重大的影响。同年 CSSL(Continuous System Simulation Language)统一了已有的表达连续系统仿真模型的符号，引入了因果关系方程的通用形式，例如：

$$variable=expression$$
$$v=\text{INTEG}(F)/m \qquad (2.15)$$

第二个方程是运动方程的变化形式：速度等于力的积分除以质量。这些不是数学意义上的方程，其因果关系是从右到左，即 expression =

variable 形式的方程不被允许。然而，这仍是向基于方程的数学模型、向更通用化可执行的计算机表现迈出的重要一步。1976 年出现了 ACSL，ACSL 是基于 CSSL 标准的更通用的仿真系统。

Dymola（Dynamic Modeling Language，动力学建模语言，不是现在的软件工具 Dymola）是 Modelica 的重要先驱，由 Hilding Elmqvist 博士 1978 年在其博士论文中阐述。这是第一次认识到采用非因果方程以及层次化的建模和自动化符号操作方法对方程求解的重要性。1974 年的 GASP-IV 系统和 1979 年的 GASP-V 都引入了连续-离散集成仿真。Omela 语言（1989）是包括继承和混合仿真的完全的面向对象建模语言。在 1993 年，Dymola 强化了继承以及离散事件处理机制和更有效的符号-数字方程系统求解方法。

其他早期的面向对象的非因果建模语言主要包括用于建筑仿真的 NMF(Natural Model Format,1989)、Allan-U.M.L，支持键合图建模的 SIDOPS+和受 Objective-C 影响的 Smile(1995)。还有其他两种应该提及的重要语言 ASCEND(1991)和 gPROMS(1994)。

1975 年，作者通过求解 Schrödinger 方程（用于固态物理的特性情况，采用伪势逼近）开始了解基于方程的建模和问题求解。后来，在 1989 年，作者和弟弟 DagFritzson 一起开始开发一种新的面向对象建模语言，称作 ObjectMath。这是较早的计算机数字和仿真系统之一，集成了数学、参数化的通用类概念和用于工业应用高效仿真的 C++代码生成。1996 年秋天在完成了 ObjectMath 的第四个版本后，作者决定加入 Modelica 阵营中，而不是继续开发 ObjectMath 的第五个版本。1998 年，作者参与完成了 Modelica 语言的第一个正式可执行的规格说明书，并最终发展成为了 OpenModelica 开源库。2007 年 9 月，作者发起创建了开源 Modelica 联合会。联合会起初只有 7 位成员，到 2011 年 6 月已经扩展到 35 个成员。

关于前面提到的第二个方面，即仿真模型的图形化定义，图 2.34 讲述了一个很有趣的故事。图 2.34 的上面部分表示一个模拟仿真器的电力系统，它由电缆连接的构造模块构成。图 2.34 的下面部分是一个结构非常相似的框图，直接受模拟计算范式影响，但却是在数字计算机上执行。这样的框图通常由现行的通用工具创建，例如 Simulink 和 SystemBuild。因为指定了数据流方向，所以框图表示因果关系的方程。

Modelica 图形化建模中采用的连接图含有包括非因果方程在内的类实例之间的连接，大体上受到了因果式模拟计算电路图和框图的启发。Modelica 连接图的拓扑结构和物理系统结构及分解关系之间直接对应，因此天然具有支持物理建模的优势。

2.22　总结

本章概述了 Modelica 语言的重要概念和语言结构，定义了一些重要概念，例如面向对象的数学建模和非因果建模，简要介绍了组件、连接和连接器的概念，以及定义它们的 Modelica 语言结构。本章最后结合一个简单模型深度介绍了编译和执行过程，并简要介绍了方程、数学建模语言和 Modelica 语言从起始到现在的发展历程。

2.23　文献

许多编程语言的图书都根据一种相当固定的模式组织，先是语言的概述，接着详细介绍最重要的语言概念和语法结构。本书也不例外，本章也有概述构成。和 Java 编程语言[Arnold and Gosling,1999]等其他图书一样，本书也以 HelloWorld 例子开始，但是具有不同的内容，因为在屏幕上打印"Hello World"的消息和基于方程的语言不大相关。

本章最重要的参考文献是《Modelica 教程》（Modelica Association,2000），它的第一版本包括设计原理（Modelica

Association,1997），主要是由 Hilding Elmqvist 编写。本书中的几个例子、代码片段和文本片段来自该教程中的相似内容，例如，具有简单电子组件的 `SimpleCircuit` 模型、`polynomialEvaluator` 模型、低通滤波器、理想二极管和 `BouncingBall` 模型。关于面向模块建模的图 2.8 也来自该教程。本章另一个重要参考文献是《Modelica 语言规范》（Modelica Association,2010）。为了说明同样的语法，本章借用了 Modelica 语言规范中关于运算符重载和对流连接器的一些公式。

简单电路模型的手工编译参考了 Martin Otter 的系列论文中一个相似但描述不够详细的模型。数学建模的最近发展历史在 Åström[1998]中有详细描述。古人发明和使用方程的历史可以在 Gottwald[1989]的著作中找到。用拉丁字母书写的牛顿第二定律的图片来自 Fauvel 的著作[1990]。Pritsker[1974]做了关于连续和离散混合仿真的早期工作(GASP-IV)，后来 Cellier[1979]完成了 GASP-V 系统。作者的第一个仿真工作，涉及特殊情况下 Schrödinger 方程的求解（Fritzson and Berggren,1976）。

Modelica 语言的前身主要是指：

Dynamic Modeling Language[Elmqvist,1978;Elmqvist et al.,1996]，

Omola[Mattsson et al.,1993;Andersson,1994]，

ObjectMath[Fritzson et al.,1992,1995;Viklund and Fritzson,1995]，

NMF[Sahlin et al.,1996]，

Smile[Ernst et al.,1997]。

Speed-Up 是最早的基于方程的仿真工具，在 Sargent and Westerberg [1964]提出，Birtwistle[1974]描述了第一个面向对象的编程语言——Simula 67。Augustin[1967]讲述了早期的 CSSL 语言规范，而 Mitchell and Gauthier[1986] 讲述了 ACSL 系统。Hibliz 系统在 Elmqvist and Mattsson[1982 和 1989]提出用于层次化的可视化建模。

软组件系统由 Assmann[2002]和 Szyperski[1997]提出。

MathWorks（2001）描述了用于面向框图建模的 Simulink 系统。MathWorks（2002）则讲述了 MATLAB 语言和工具。

DrModelica 电子笔记本具有本书中的例子和练习，它是从 DrScheme (Felleisen et al，1998)、DrJava(Allen et al，2002)、Mathematica(Wolfram，1997)和 MathModelica 开发环境（Fritzson,Engelson and Gunnarsson，1998;Fritzson,Gunnarsson and Jirstrand，2002）中得到的启发。Lengquist-Sandelin and Monemar[2003a,2003b]描述了 DrModelica 的第一个版本。

目前，有关于 Modelica 的通用论文和书籍有[Elmqvist and Mattsson,1997]、[Fritzson and Engelson,1998]、[Elmqvist et al.,1999]和 17 篇系列论文（德语）。17 篇系列论文中，Otter[1999]是第一篇，还有 Tiller[2001]、Fritzson and Bunus[2002]、Elmqvist et al[2002] 和 Fritzson[2004]。

下列会议论文集包含一些与 Modelica 相关的论文：斯堪的纳维亚仿真会议[Fritzson,1999]、国际 Modelica 会议[Fritzson,2000]、[Otter,2002]、[Fritzson,2003]、[Schmitz,2005]、[Kral and Haumer,2006]、[Bachmann,2008]、[Casella,2009]和[Clauß,2011]。

2.24 练习

1. 什么是类？

创建一个类：创建一个名为 Add 的类，用于计算两个参数的和，参数是给定值的 `Integer` 数。

2. 什么是实例？

创建实例：

```
class Dog
  constant Real legs = 4;
  parameter String name = "Dummy";
end Dog;
```

- 创建 Dog 类的一个实例
- 创建另一个实例，并给狗命名为 "Tim"。

3. 编写一个名为 average 的函数，返回两个 Real 类型值的平均值。以 4 和 6 为输入调用 average 函数。

4. 解释 partial、class 和 extends 的含义。

5. 继承：阅读下面的 Bicycle 类。

```
record Bicycle
  Boolean has_wheels = true;
  Integer nrOfWheels = 2;
end Bicycle;
```

定义一个结构体 ChildrensBike，继承自 Bicycle，适用于小孩。给变量指定值。

6. 声明方程和标准方程：编写一个类 Birthyear，通过当前年份和年龄来计算出生年份。指出声明方程和标准方程。

变型方程：编写上面 Birthyear 类的一个实例。称为 MartinsBirthyear 的类，将计算 Martin 的出生年份，他今年 29 岁。指出变型方程。

检查你的答案[①]。例如，按照下面的方式编写：

```
val(martinsBirthday.birthYear,0)
```

---

① 使用 OpenModelica 命令行界面或 OMNotebook 命令，表达式 val(martinsBirthday.birthYear,0)表示模拟开始时 birthYear 在 time=0 时的值。在许多情况下，还可以交互式地输入一个表达式，例如 martinsBirthday.birthYear，可以在不给出时间参数的情况下得到结果。

7. 类：

```
class Ptest
  parameter Real x;
  parameter Real y;
  Real z;
  Real w;
equation
  x + y = z;
end Ptest;
```

找出类中的错误和缺少的内容。

8. 创建一个包含若干向量和矩阵的结构体：

● 一个向量包含两个 Boolean 值 true 和 false
● 一个向量具有 5 个任意的 Integer 值
● 一个三行四列的矩阵包含任意的 String 值
● 一个一行五列的矩阵包含任意不同的 Real 值。

9. 能否在一个方程区中加入一个算法区？

10. 编写一个算法区：创建一个 Average 类，采用算法区计算两个整数的平均值。创建一个类的实例，并传入一些值。

用下面的代码仿真和测试实例：

```
instanceVariable.classVariable
```

11.（难度较高的练习）编写一个类 AverageExtended，计算四个变量（a、b、c 和 d）的平均值。创建类的实例，并传递一些值。

通过下面的代码仿真和测试实例：

```
instanceVariable.classVariable.
```

12. If 方程：编写一个 Lights 类，如果灯亮，则设置变量 switch（integer 类型）为 1，如果灯灭，则设置 switch 为 0。

When 方程：编写一个类 LightSwitch，初始时为关，5 s 时切换为开。

提示：sample(start,interval)返回 true 和在一些时刻触发时间事件，rem(x,y)返回 x/y 的整数余数，因此 div(x,y)*y+rem(x,y)=x。

13. 什么是包？

创建一个包：创建一个包，包含一个除法函数（两个 Real 数相除）和一个常数 k=5。

创建一个类：包含一个变量 x，x 通过除法函数获得值，设为 10 除以 5。

第 3 章

类和继承

Classes and Inheritance

类是 Modelica 建模的基本单元。类为对象（也称作实例）提供结构，是创建对象的模板。类中可以包含方程，方程是 Modelica 以可执行代码实现数学计算的基础。类中还可以包含传统的算法代码。Modelica 中结构完整的类所构造的对象间的交互是通过连接器实现的，连接器可以视作对象的访问端口。所有的数据对象都是通过类的实例化实现的，包括基本数据类型（Real、Integer、String、Boolean）和枚举类型等内置类型。

在 Modelica 中，类和类型其实是等价的。声明是引入类和对象所需的语法结构。

3.1　类设计者和用户之间的约定

面向对象语言尝试将"对象是**什么**"和"其行为**如何**实现并具体定义"这两个概念分开。Modelica 中对象"是什么"通过图形、图标和文档，连同公共连接器、变量、其他元素和它们的关联语义等一起来描述。

例如，类 Resistor 的对象通过文档建模描述了理想化的真实电阻，通过 Pin 连接器 n 和 p 实现了与外部环境间的交互关系，以及它们的语义。这种文档、连接器、其他公共元素和语义的结合经常被描述为类的设计者和使用类的建模人员之间的**约定**，约定把"是什么"部分告诉建模者，即类表示的是什么，而类设计者提供"如何"实现所需的属性和行为。

通常会误以为类的连接器和其他公共元素（如同它的"签名"一样）说明了它的所有约定。这是不准确的，因为类预期将实现的语义也是约定的一部分，即类可能只在文档中公开地描述了一下，而在内部采用方程和算法实现。例如有两个类，一个是 Resistor，另一个是温度相关的 Resistor，它俩从连接器上看似乎签名是一样的，但显然两者不等价，因为语义不同。类的约定既包含签名又包含恰当的语义部分。

对象的行为由它的类定义。类的行为通过方程和算法代码实现。每个对象都是一个类的实例。有许多对象都是复合对象，即其内部包括了其他类的实例。

3.2　类示例

类的基本属性包括：

- 类中声明的变量所包含的数据
- 类中方程和算法所共同定义的行为

以一个简单的类 CelestialBody 为例，它可以用来储存与地球、月球、小行星、行星、彗星和恒星等天体有关的数据，例如：

```
class CelestialBody
  constant Real g = 6.672e-11;
  parameter Real radius;
  parameter String name;
  Real mass;
end CelestialBody;
```

类的声明以关键词 class 或 model 开始，后面是类的命名。在 Modelica 语言中一个类的声明将创建一个**类型名**，把类型名放在变量名前面，就可以声明这种类型的变量（即对象或实例）：

```
CelestialBody moon;
```

这个声明表示 moon 是包含 CelestialBody 类型对象的一个变量。声明实际上创建了对象，即给对象分配内存。这个和 Java 等语言的对象声明只创建对象的引用不同。

CelestialBody 的第一个版本不是很完善。这是有意为之，本章和随后的两章将通过改进这个类，来展现一些语言特性的价值。

3.3 变量

类中的变量，有时候称作字段或属性，例如 CelestialBody 的变量 radius、name 和 mass。每个 CelestialBody 类型的对象都有这些变量的实例。因为每个不同的对象都包含不同的变量实例，这意味着每个对象都有自己唯一的状态。改变一个 CelestialBody 对象的 mass 变量，不会影响其他 CelestialBody 对象中的 mass 变量。

某些编程语言的静态变量，也叫类变量，例如 Java 和 C++，这样的变量被一个类所有的实例共享。但是，Modelica 不支持静态变量。

声明类的实例，如 moon 被声明为 CelestialBody 的实例时，会给对象分配内存，并将其内部的变量初始化为合适值。CelestialBody 类中的三个变量具有特殊的状态：重力常数 g 的值从不改变，可以被它的值代替；**仿真参数** radius 和 name 是一种特殊的常数，用关键词 parameter 标识，这样的值只在仿真开始时指定，然后在仿真过程中一直保持不变。

在 Modelica 中，求解当前类和其他类的方程系统时，变量用于储存运算结果。在求解时间相关的问题时，变量储存了求解过程在每一个时刻的结果。

读者已经注意到，本书交替使用**对象**和**实例**表示相同的意思，也交替地使用**字段**、**属性**和**变量**。**变量**、**实例**和**对象**也能交替使用，因为一个 Modelica 变量一定包含了某个类实例。

3.3.1 变量名重复

在类的声明中不允许变量名的重复出现。一个声明元素的名称，例如变量或局部类，必须和类中其他声明元素的名称不同。例如，下面的类是不合法的：

```
class IllegalDuplicate
  Real duplicate;
  Integer duplicate;
    // Error! Illegal duplicate variable name
end IllegalDuplicate;
```

3.3.2 变量名和类型名重复

一个变量的名称不允许和它的类型名相同。仔细查看下面错误的类：

```
class IllegalTypeAsVariable
  Voltage Voltage;
    // Error! Variable name must be different from type
  Voltage voltage;
    // Ok! Voltage and voltage are different names
end IllegalTypeAsVariable;
```

第一个变量的声明是违法的，因为变量名和其声明所用的类型名完全一样。之所这是个问题的原因是，第二个声明查找类型 Voltage 会被名称相同的变量所混淆而导致类型查找失败。第二个变量声明是合法的，因为小写的变量名 voltage 和大写的类型名 Voltage 不同。

3.3.3 变量初始化

如果没有指定显式的 start 值（见 2.3.2 节），变量默认的初始值如下（未设置为 fixed 时，求解器可能会选择其他初始化方式）：

- 数值变量的默认初始值是 0
- String 变量的默认初始值是空字符串
- Boolean 变量的默认初始值是 false
- 枚举变量的默认初始值是枚举类型中最小的枚举值

但是，如果函数的**局部变量**未显式给定默认值，则默认为 unspecified。通过指定实例变量的 start 属性等于某个值，或者对函数局部变量、形参提供初始化赋值语句等方式，可以显式地定义变量初始值。例如，下节中的 Rocket 类显式指定了 mass、altitude 和 velocity 的 start 值。

3.4 方程即行为

在 Modelica 中，方程是指定一个类的行为的首选方式，当然，也支持算法和函数的方式。方程和其他类方程交互的方式决定求解过程。求解过程是指通过程序执行，实现变量值随时间变化连续计算，也就是动态系统仿真的过程。在求解时间相关问题的过程中，变量储存求解过程在每一个时刻的结果。

类 Rocket 表达了火箭（见图 3.1）垂直方向的运动方程，火箭运动受外部的重力场 gravity 和火箭发动机的推力 thrust 影响，二者的方向相反，加速度的表达式如下：

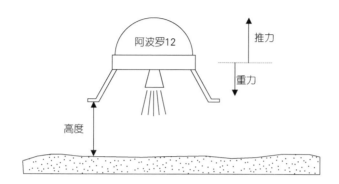

$$acceleration = \frac{thrust - mass \times gravity}{mass}$$

图 3.1　Apollo12 飞船登月

下面三个一阶微分方程正是高度、垂直速度和加速度之间经典的运动定律方程：

mass' = −massLossRate ⋅ abs(thrust)

altitude' = velocity

velocity' = acceleration

以上所有的方程都出现在下面的 Rocket 类中，其中表示求导的数学符号(')被 Modelica 中内置函数 der()代替。火箭质量的导数是负的，因为火箭燃料的质量正比于发动机产生的推力总量。

```
class Rocket "rocket class"
  parameter String name;
  Real mass(start=1038.358);
  Real altitude(start= 59404);
  Real velocity(start= -2003);
  Real acceleration;
  Real thrust; // Thrust force on the rocket
  Real gravity; // Gravity force field
  parameter Real massLossRate=0.000277;
equation
```

```
        (thrust-mass*gravity)/mass = acceleration;
        der(mass) = -massLossRate * abs(thrust);
        der(altitude) = velocity;
        der(velocity) = acceleration;
    end Rocket;
```

下面的方程指定了重力场的大小，放置在下一节的 MoonLanding 类中。重力场的强度取决于火箭的质量和月球的质量：

$$gravity = \frac{g_{moon} \cdot mass_{moon}}{(altitude_{apollo} + radius_{moon})^2}$$

火箭发动机产生的推力总量对于一个特定的着陆类是确定的，因此，也属于 MoonLanding：

```
thrust = if (time <thrustDecreaseTime)then
            force1
        else if (time <thrustEndTime)then
            force2
        else 0
```

3.5 访问控制

Modelica 类的成员有两种程度的可见性：public 和 protected。如果没有指定类型，那么默认为 public，例如下面 MoonLanding 类中的变量 force1 和 force2。force1、force2、apollo 和 moon 声明为 public，说明任何能够访问 MoonLanding 实例的代码都可以读取和更新这些变量的值。

另一种可见性的程度用关键词 protected 指定，如变量 thrustEndTime 和 thrustDecreaseTime，此时只有类**内部**的代码和子类代码可以访问。类的内部代码包括局部类的代码。实际上，只有类的内部代码允许访问保护变量的实例，子类访问的其实是"拷贝"过来的另一个保护变量实例，因为在继承时声明会被复制。这和 Java 相关的访问规则不一样。

关键词 public 或 protected 的出现，意味着其后的所有成员声明都为关键词相关的可见性，直到另外一个关键词出现。

变量 thrust、gravity 和 altitude 属于 Rocket 类的实例 apollo，因此在引用中要加前缀 apollo，比如 apollo.thrust。重力常数 g、mass 和 radius 属于特定的天体 moon，apollo 火箭将在 moon 上着陆。

```
class MoonLanding
  parameter Real force1 = 36350;
  parameter Real force2 = 1308;
  protected
  parameter Real thrustEndTime = 210;
  parameter Real thrustDecreaseTime = 43.2;
public
  Rocket apollo(name="apollo12");
  CelestialBody moon(name="moon",mass=7.382e22,radius=1.738e6);
equation
  apollo.thrust = if (time<thrustDecreaseTime) then force1
                  else if (time<thrustEndTime) then force2
                  else 0;
  apollo.gravity = moon.g * moon.mass /
    (apollo.altitude + moon.radius)^2;
end MoonLanding;
```

3.6 登陆月球示例仿真

应用 OpenModelica 仿真环境，MoonLanding 模型通过下面的命令在时间区间{0,230}内仿真：

```
simulate(MoonLanding, stopTime-230)
```

火箭的高度是关于时间的函数，绘制其结果曲线如图 3.2。火箭在 0 时刻的高度为 59404m（图中未展示），然后逐渐递减，直到在月球表面着陆，此时高度为 0。

```
plot(apollo.altitude, xrange={0,208})
```

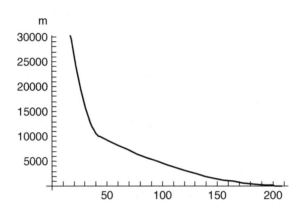

图 3.2 阿波罗火箭登月时高度变化

火箭推力的初始值很高，但是从 43.2s（即仿真参数 thrustDecreaseTime 的值）以后降低到较低水平，如图 3.3 所示。

```
plot(apollo.thrust, xrange={0,208})
```

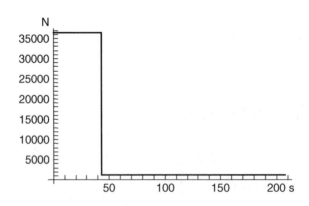

图 3.3 阿波罗火箭推力从初始大推力 f1 到小推力 f2

随着燃料的消耗，火箭的质量从初始的 1038.358 kg 减少到 540 kg

左右，如图 3.4 所示。

```
plot(apollo.mass, xrange={0,208})
```

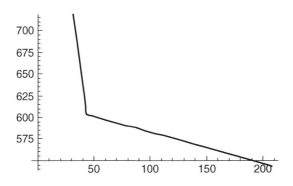

图 3.4 阿波罗火箭质量随着燃料消耗而降低

当火箭慢慢靠近月球表面，重力场增大，在 200 s 以后重力增加到 1.63 N/kg，如图 3.5 所示。

```
plot(apollo.gravity, xrange={0,208})
```

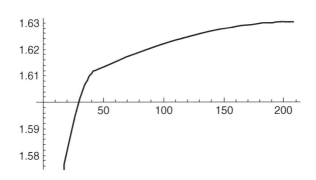

图 3.5 阿波罗火箭随着接近月球表面重力逐渐增加

当火箭接近月球表面时，初始时刻具有最大的负速度。着陆时速度变为 0，完成平缓着陆，如图 3.6 所示。

```
plot(apollo.velocity, xrange={0,208})
```

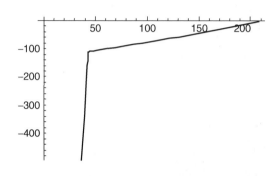

图 3.6 阿波罗火箭在登月时垂直速度.

当采用 MoonLanding 进行试验时,虽然模型不能反映真实物理状态,但至少可以反映着陆这方面的信息。着陆后,速度变为 0,如果允许仿真继续执行,速度会再次增大,着陆器会加速驶向月球的中心。这是因为建模时忽略了火箭着陆后地面对着陆器的作用力。在 MoonLanding 模型中加入地面作用力的内容由读者尝试完成。

3.7 继承

让我们看一个关于扩展 Modelica 类的小例子,例如 2.4 节中介绍的类 ColorData。ColorData 和 Color 两个类定义如下,其中**派生类**(子类)Color 继承了**基类**(父类)ColorData 的变量用于表示颜色,并添加了一个约束颜色值的方程。

```
record ColorData
  Real red;
  Real blue;
  Real green;
end ColorData;

class Color
  extends ColorData;
equation
  red + blue + green = 1;
end Color;
```

在继承过程中，父类的数据和行为，即变量、属性声明、方程和其他特定内容，被复制到子类。但是，正如本书前面所讲，在继承定义的基础上会进行类型扩展、检查和变型操作，这才完成了全部的复制。扩展后的 Color 类与下面的类等价：

```
class ExpandedColor
  Real red;
  Real blue;
  Real green;
equation
  red + blue + green = 1;
end ExpandedColor;
```

3.7.1　方程继承

上一节中提到，子类继承的方程是从基类（父类）复制而来，那么如果子类中已经声明了**完全相同的方程**，将会发生什么呢？在这种情况下，子类会具有两个完全相同的方程，导致系统过约束而无法求解。

```
class Color2
  extends Color;
equation
  red + blue + green = 1;
end Color2;
```

扩展得到的 Color2 类等价于下面的类：

```
class ExpandedColor2
  Real red;
  Real blue;
  Real green;
equation
  red + blue + green = 1;
  red + blue + green = 1;
end ExpandedColor2;
```

3.7.2 多重继承

Modelica 支持多重继承，即若干个 extends 语句。当一个类需要包含几个不同类型的行为和数据时，多重继承是非常有用的，例如同时包含几何结构和颜色。

举例说明，新的类 ColoredPoint 继承自多个类，即多重继承，从 Point 类得到位置变量，从 Color 类得到颜色变量。

```
class Point
  Real x;
  Real y, z;
end Point;

class ColoredPoint
  extends Point;
  extends Color;
end ColoredPoint;
```

在许多面向对象的编程语言中，当相同的定义通过不同的中间类被继承两次时，会出现问题。典型的如菱形继承（见图 3.7）。

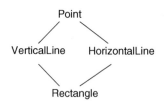

图 3.7 菱形继承

Point 类包含由变量 x 和 y 定义的坐标位置。VerticalLine 类继承自 Point 类，同时添加了表示垂直长度的变量 vlength。类似地，HorizontalLine 类继承了位置变量 x 和 y，并添加了水平长度。最后，Rectangle 类将包含位置变量 x 和 y、垂直长度、水平长度。

```
class Point
  Real x;
  Real y;
end Point;

class VerticalLine
  extends Point;
  Real vlength;
end VerticalLine;

class HorizontalLine
  extends Point;
  Real hlength;
end HorizontalLine;

class Rectangle
  extends VerticalLine;
  extends HorizontalLine;
end Rectangle;
```

潜在问题是我们通过菱形继承把由变量 x 和 y 定义的坐标位置继承了两次：来自 VerticalLine 和 HorizontalLine。应该使用来自 VerticalLine 的位置变量还是来自 HorizontalLine 的位置变量呢？有可以解决这个问题的办法吗？

实际上，这个问题可以解决。在 Modelica 中，菱形继承不是问题，因为如果存在几个相同的声明或方程被继承，只会保留其中的一个。因此，在 Rectangle 类中只存在一组位置变量，类的变量集为：x、y、vlength 和 hlength。下面的类 Rectangle2 和类 Rectangle3 也是一样的。

```
class Rectangle2
  extends Point;
  extends VerticalLine;
  extends HorizontalLine;
end Rectangle;

class Rectangle3
  Real x, y;
```

```
    extends VerticalLine;
    extends HorizontalLine;
end Rectangle;
```

读者也许会想，extends 语句的顺序在某些场景下可能会影响结果吧。实际上这在 Modelica 中是没有影响的，3.7.4 节将会讲解。

3.7.3　声明元素处理和用前声明

为了确保声明元素在声明前能被使用，同时不受到这些元素声明顺序的影响，类处理过程中元素声明的查找和分析过程如下：

1. 找到已声明的局部类、变量和其他属性的**名称**。同时，将局部元素的变型项合并，并对重声明进行生效。

2. 处理 **extends** 语句，查找和展开被继承的基类，将基类的内容扩展并嵌入当前类中。被继承类的查找应该是**独立**的，即一个 extends 语句的分析和扩展不依靠其他 extends 语句。

3. 展开所有的元素声明并检查类型。

4. 检查所有同名的元素是否是完全一致的。

之所以要首先找到所有的局部类型、变量和其他属性的名称，就是为了能够在元素**声明**前即可被**使用**。因此，类中所有元素在进一步分析和展开之前，都需要先知道其名称。例如，在类 C2 中，类 Voltage 和 Lpin 在声明前就被用到：

```
class C2
  Voltage v1, v2;
  Lpin pn;

  class Lpin
    Real p;
  end Lpin;

  class Voltage = Real(unit="kV");
end C2;
```

3.7.4　extends 语句声明顺序

　　第 2 章和前一节已经讲解过，在 Modelica 中声明元素的使用和它们的声明顺序无关，但函数的形参和字段（变量）除外。因此，变量和类可以在声明之前使用。这同样适用于 extends 语句，类中 extends 语句的书写顺序和通过这些 extends 语句继承的声明和方程无关。

3.7.5　MoonLanding 继承示例

　　在 3.4 节的 MoonLanding 例子中，如 mass 和 name 等变量的声明在类 CelestialBody 和 Rocket 中都重复出现。把这些变量声明集中到一个通用的 Body 类中，再由 CelestialBody 和 Rocket 继承 Body 类实现重用，以避免重复声明相同变量的问题。重新构建的 MoonLanding 例子如下。用特化类关键词 model 代替了通用关键词 class，因为建模实践中关键词 model 比关键词 class 更常用些。注意，model 与 class 语义几乎相同，除了前者无法用在连接中以外。第一个模型是通用的 Body 类，用于被更多特定种类物体所继承。

```
model Body "generic body"
  Real mass;
  String name;
end Body;
```

　　CelestialBody 类继承了通用的 Body 类，是 Body 类的一个专用版本。请与 3.4 节中没有采用继承的 CelestialBody 类进行对比。

```
model CelestialBody "celestial body"
  extends Body;
  constant Real g = 6.672e-11;
  parameter Real radius;
end CelestialBody;
```

Rocket 类也继承了通用的 Body 类，可以认为是 Body 的另一个专用版本。

```
model Rocket "generic rocket class"
  extends Body;
  parameter Real massLossRate=0.000277;
  Real altitude(start= 59404);
  Real velocity(start= -2003);
  Real acceleration;
  Real thrust;
  Real gravity;
equation
  thrust - mass * gravity = mass * acceleration;
  der(mass) = -massLossRate * abs(thrust);
  der(altitude) = velocity;
  der(velocity) = acceleration;
end Rocket;
```

除了将关键词 class 变为 model，下面的 MoonLanding 类和 3.5 节中的是相同的。

```
model MoonLanding
  parameter Real force1 = 36350;
  parameter Real force2 = 1308;
  parameter Real thrustEndTime = 210;
  parameter Real thrustDecreaseTime = 43.2;
  Rocket apollo(name="apollo12", mass(start=1038.358) );
  CelestialBody moon(mass=7.382e22,radius=1.738e6,name="moon");
equation
  apollo.thrust = if (time<thrustDecreaseTime) then force1
                  else if (time<thrustEndTime) then force2
                  else 0;
  apollo.gravity = moon.g*moon.mass
 /(apollo.altitude+moon.radius)^2;
end MoonLanding;
```

在时间区间$[0,230]$内对重构的 MoonLanding 模型进行仿真：

```
simulate(MoonLanding, stopTime=230)
```

仿真结果理应和 3.6 节中仿真结果相同。例如火箭的高度是关于时间的函数，如图 3.8 所示。

```
plot(apollo.altitude, xrange={0,208})
```

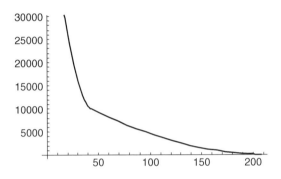

图 3.8 阿波罗火箭距离月球表面的高度变化

3.8 总结

本章重点讲解 Modelica 最重要的结构化概念：类。开头介绍设计者和用户之间的约定，后面以阿波罗火箭在月球着陆模型为例，讲解 Modelica 类的基础内容。

3.9 文献

本章内容的一个重要参考文档是 Modelica 协会（2010）编写的《Modelica 语言规范》，本章的若干例子都来源于此。本章的开头部分提到了软件设计者和用户之间的约定，这个想法来自于 Rumbaugh et al.[1991]、Booch[1991,1994]和 Meyer[1997]描述的面向对象建模和软件设计方法和原则。月球着陆示例中的牛顿方程公式来源于 Cellier[1991]。

第 4 章

系统建模方法

System Modeling Methodology

到目前为止,本书主要讨论了面向对象数学建模的原理,支持高层模型表示和模型高度重用的 Modelica 语言结构,以及很多用于展示语言结构用途的模型示例。

本章将结合系统背后的数学状态空间方程,详细阐述如何采用系统性方法对系统进行建模,这里介绍的状态空间表达只针对一些连续系统示例。

4.1 创建系统模型

首先提出一个基本的问题:我们如何得到一个系统的合理的数学模型并开展可行的仿真?即,什么样的建模过程才是有效的?

应用领域是所有建模方法首先要考虑的问题。采用物理、化学、生物、机械和电气工程等学科领域的自然规律及其数学公式,对目标系统进行描述,就是所谓的物理建模。当然,即便应用领域不是"物理系统",例如经济系统、数据通信、信息处理领域等,也有对应的运行规律,当使用高层建模方法时，这些规律应该或多或少的在模型中被直接表达。所有这些在我们身处世界已经存在的规律（可被公式所描述），被视作基本的自然规律。

建模首先要明确系统包括哪些应用领域，然后针对每一个领域，找出影响研究物理现象的相关规律。

本书提倡采用层级分解、基于组件、面向对象等技术，这些技术对把控大型模型的复杂性、重复利用模型组件以减少建模工作量等方面大有裨益。为了解释得更清楚，我们简明地对比传统物理建模方法与面向对象-基于组件的方法。

即便如此，读者应该认识到传统的物理建模方法比面向框图的建模方法、通用语言直接编程的方法要更"高层"一些，使用后者时用户需手工将方程转化为赋值语句或者框图块，当模型使用场景发生变化时，用户还需要手工重构代码以适应特定数据流和信号流环境。

4.1.1 演绎建模法 VS 归纳建模法

到目前为止，本书几乎只使用了所谓的**演绎建模法**（也称为**物理建模法**），即，系统行为由系统模型表达的规律**演绎**而来。物理模型依照用户对系统的物理过程或人造过程的理解而构建，这是物理建模的基本理念。

而在很多场景下，尤其对于生物和经济系统而言，由于无法获得关于复杂系统及其内部过程的准确认知，难以开展物理建模。对这些领域通常会采用完全不同的建模方法，即通过观测研究系统，并尝试构建一个符合观测数据的假想数学模型，迭代地找到其中未知系数的值，此为**归纳建模法**。

由于归纳模型直接基于测量数据构建，因此归纳建模有一个明显的缺点，即模型难以在观测值范围之外进行验证。例如，我们期望在一个系统模型中提供可以预测失效的机制，以便预防系统失效，但除非我们事先观测到一次真正的系统失效事件（我们极力想避免的），否则无法实现对这种机制的验证。

同时，归纳模型最严重的缺点之一是，只要给归纳模型添加足够多的参数，归纳模型就几乎可以使任何模型结构符合任何数据，而此时建模者很容易误以为模型验证有效。

在本书接下来的部分，我们将主要采用演绎建模法或物理建模法，个别生物领域示例采用归纳和物理推论相结合的方法。

4.1.2 传统方法

传统的物理建模方法大致分为三个步骤：

1. 构造变量
2. 给出方程和函数
3. 将模型转换为状态空间形式

第一个步骤，识别出所关注的变量。例如按模型的预期用途，以及变量的角色等来区分，哪些变量是**输入**变量（外部信号）、**输出**变量或者内部**状态**变量？哪些变量对于描述系统的行为特别重要？哪些变量是随时间变化的，而哪些又近似于**常数**？哪些变量能够影响其他变量？

第二个步骤，给出模型的基础方程和公式。应找出与模型相关的应用领域物理定律，例如**同类**物理量的**守恒关系**（功率输入与功率输出相关，输入流量和输出流量相关），以及能量守恒、质量守恒、电荷守恒、信息守恒等。建立**不同类型**物理量之间的**本构方程**，例如，电阻中电压和电流的关系，容器中输入流量和输出流量的关系，通信连接中输入包与输出包的关系等。同时还要建立诸如涉及材料属性和其他系统属性的公式关系。在构建上述公式关系时应考虑精度水平，以及适当的近似权衡。

第三个步骤，将由变量和方程构成的模型形式转换为适合数值求解器的**状态空间**方程系统表达形式。选择一组状态变量，将它们的时间导数（对于动态变量）表示为关于状态变量和输入变量的函数（此时，状态空间方程为显式形式），然后将输出变量表达为关于状态变量和输入变量的函数。如果引入了一些不必要的状态变量，倒也不会造成错误，只会增加不必要的计算。当使用 Modelica 语言建模时，Modelica 编译器将自动执行实现这个步骤，即将模型自动转化为状态空间方程形式。

4.1.3　面向对象-基于组件方法

当采用面向对象-基于组件的方法建模时，我们首先要以自上而下的方式理解系统的结构和分解关系。当初步识别系统组件及其交互关系以后，我们可以应用传统方法的前两个步骤，来识别每个模型组件的变量和方程。面向对象的方法具体如下：

1. 简明地**定义**系统。系统是什么类型？用来做什么？

2. 把系统**分解**成重要的组件。为这些组件设计模型类，或者使用相关模型库中已存在的类。

3. 定义**通信**，即确定组件之间交互关系和通信路径。

4. 定义**接口**，即确定每个组件用于与其他组件通信的外部端口/**连接器**。设计合适的连接器类，使其具备高水平的连接性和重用性，同时允许一定的连接类型检查。

5. 重新开始步骤 2，递归地把高度复杂的**模型组件分解**为一组更小的子组件，直到所有组件能够被预定义类型、模型库中的类型或用户定义的类来实例化。

6. 当需要时可以**构建新的模型类**，包括基类和派生类：

a) 为所有无法用已有类定义的模型组件，声明其对应的**新的模型**

类。依据前述传统建模方法的前两个步骤，在每个新类中定义变量、方程、函数以及表达组件行为的公式。

b) 将具有相似属性的组件类中共同功能与结构提炼为**基类**，这有助于类定义的维护，并提高重用性。

为了更深地理解面向对象建模方法在实践中的工作原理，本书在 4.2 节将此方法应用到一个简单容器系统的建模中。

4.1.4　自上而下 VS 自下而上建模

模型构建过程有两种相关途径：

● 自上而下（Top-Down）建模：当我们对应用领域相当了解，并且具有可用的模型组件库时，宜采用自上而下的建模方式。从定义最顶层的系统模型开始，逐渐分解为子系统和单机，直到最小粒度的模型能够和模型库中的组件相对应。

● 自下而上（Bottom-Up）建模：如果我们对应用领域不太了解，或者不具备现成的模型库时，宜采用自下而上的建模方式。首先，我们整理出基本方程，并设计一些小的试验性的模型，以反映系统最重要的特征，并形成对应用领域的基本理解。典型的比如从简化模型开始，然后逐步增加反映更多特征的系统行为方程。在经过一些尝试并积累了一定的应用领域理解后，可以重构之前的模型，并组织成一组模型组件。在实际应用中我们可能会发现模型库中的一些问题，进而对模型进行多次迭代的重构。最终，可以基于组件逐渐创建出更复杂的模型，直至达成我们的应用目标。

下面分别给出了应用自上而下建模和自下而上建模的例子。4.3 节中基于模型库构建的 DC 电机模型，是一个典型的自上而下建模的例子。4.2 节描述的小型容器建模具有一些自下而上建模的性质，是从简单的基础容器模型建模开始，逐步创建组件类并得到容器模型，其间构建的示例也逐渐变成用于构建最终容器模型的一系列组件。

4.1.5　模型简化

有些情形下，由于模型中某些部分做了过于宽泛的近似，使得模型不够精确，难以准确地描述物理现象。而另一方面，即使我们利用上述方法创建了合理的模型，也时常会发现模型的一些部分太过复杂，这会导致以下问题：

- 仿真时间太长
- 数值求解不稳定
- 过多的低层次模型细节反而使得结果解读困难

因此，考虑模型的简化很有必要。有时候在模型简化和精确之间难以权衡，模型简化与其说是科学，更像是艺术，需要大量扎实的经验才能处理好。而获得如此经验最好的方式，就是将模型设计、分析与评估结合起来做。下面是针对模型简化的一些提示，例如缩减状态变量规模：

- **忽略**对建模对象影响微小的因素。
- 将状态变量**聚合**等效地表示为更少的变量。例如，有时候可以用一个杆的平均温度（集中式）表示杆上不同位置的温度（分布式）。

建模聚焦于时间常数在合理范围内的现象，即：

- 将具有极低动态特性的子系统（或变量）近似为常数（例如地表附近的重力加速度可视为常数）。
- 将具有极高动态特性的子系统（或变量）近似为静态关系，避免引入极快变化的变量的时间导数项（例如弹跳小球例子中将撞击视为固定衰减系数的刚性碰撞，而非弹性碰撞）。

忽略系统中极快和极慢的动态特性，能够减少状态变量的数量，进而降低模型的阶次。系统中各模型组件的时间常数的量级相当时，更容易得到数值解，仿真效率也更高。当然，某些特定系统固有的特征就是内部散布大量的时间常数，这类系统会引发刚性的微分方程系统，需要利用特定的自适应数值求解器进行仿真。

4.2 容器系统建模

下面是关于建模方法论的练习，让我们思考如何构建个简单的容器系统模型。容器系统包含一个液位传感器和控制器，控制器通过一个执行器控制一个阀（见图 4.1），容器中的液体高度 h 尽可能维持在一个固定水平，液体通过一个管道从源头进入容器，通过一个流量由阀控制的管道流出容器。

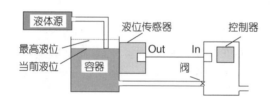

图 4.1　由容器、液体源和控制器等组成的容器系统

4.2.1　应用传统方法

首先在下面章节中将给出采用传统方法的建模结果，即，一个包含了容器系统相关变量和方程的平坦化模型，方程推导的方法和每个变量的具体含义要等到面向对象的建模章节中再详细介绍。

4.2.1.1　平坦化容器系统模型

模型 FlatTank 是一个关于容器系统的"平坦化"模型，模型内部看不出"系统结构"，只是一组表征系统动态特性数学建模的变量和方程集。该模型没有反映由组件、接口和组件间连接等构成的内部系统结构。

```
model FlatTank
    // Tank related variables and parameters
    parameter Real flowLevel(unit="m3/s")=0.02;
    parameter Real area(unit="m2") =1;
    parameter Real flowGain(unit="m2/s") =0.05;
    Real h(start=0,unit="m") "Tank level";
    Real qInflow(unit="m3/s") "Flow through input valve";
    Real qOutflow(unit="m3/s") "Flow through output valve";
    // Controller related variables and parameters
    parameter Real K=2 "Gain";
    parameter Real T(unit="s")= 10 "Time constant";
    parameter Real minV=0, maxV=10; // Limits for flow output
    Real ref=0.25 "Reference level for control";
    Real error "Deviation from reference level";
    Real outCtr "Control signal without limiter";
    Real x; "State variable for controller";
  equation
    assert (minV>=0,"minV must be greater or equal to zero");//
    der(h) = (qInflow-qOutflow)/area; // Mass balance equation
    qInflow = if time>150 then 3*flowLevel else flowLevel;
    qOutflow = LimitValue(minV,maxV,-flowGain*outCtr);
    error = ref-h;
    der(x) = error/T;
    outCtr = K*(error+x);
end FlatTank;
```

模型需要一个限制函数来反映通过输出阀流量的最大和最小值。

```
function LimitValue
  input Real pMin;
  input Real pMax;
  input Real p;
  output Real pLim;
algorithm
  pLim := if p>pMax then pMax
          else if p<pMin then pMin
          else p;
end LimitValue;
```

对平坦化容器模型进行仿真，并绘出结果（见图 4.2）：

```
simulate(FlatTank, stopTime=250)
plot(h, stopTime=250)
```

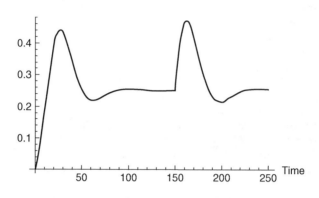

图 4.2 FlatTank 模型的液位高度仿真曲线

4.2.2 应用面向对象-基于组件方法

当采用面向对象-基于组件的方法建模时，首先我们要探寻容器系统的内部结构。容器系统能否自然地分解成某些组件呢？答案是肯定的。从图 4.3 中可以明显看出，容器系统包括了容器、液体源、高度传感器、阀和控制器等组件。

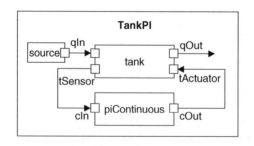

图 4.3 由连续 PI 控制器、液体源和容器构成的容器系统（图示中利用箭头指示便于读者理解，实际建模中只需通过方程组来表达物理连接，无需指明信号方向）

好了，我们有了五个组件。我们打算用简单的标量变量形式来分别表达液位传感器和阀这两个组件，并把变量定义为容器模型里的实型变量，省去创建两个都仅含单个变量的新类。于是，现在还剩下容器、液体源和控制器这三个组件，需要我们创建新类并实例化与之对应。

下一步要确定组件之间的交互关系和通信路径。很明显，液体通过管道从液体源流入容器，通过一个由阀控制的出口流出容器。控制器需要利用传感器测量液体高度，因此需要建立从液位传感器到控制器的通信路径。

通信路径需要在某处进行连接。因此，针对需要被连接的组件，声明连接器类，并在组件内创建连接器的实例。实际上，系统模型应当被设计为其组件只能通过连接器与系统其他部分进行通信。

最后，我们来考虑关于组件的重用和通用化。我们是否需要一个组件的不同变体吗？如果需要，那么应当把组件的基本功能定义到一个基类中，然后将基类特化成不同用途但结构类似的组件类型。例如在容器系统的这个例子中，我们期望能够插入几种不同类型的控制器，先以连续比例积分（PI）控制器开始。可见，为容器系统的控制器创建一个基类真的很有用。

4.2.3 连续 PI 控制容器系统

采用面向对象-基于组件的方法开发容器系统模型，其结构清晰，如图 4.3 所示。容器系统的三个组件（容器、PI 控制器和液体源）声明如下：

```
model TankPI
  LiquidSource source(flowLevel=0.02);
  PIcontinuousController piContinuous(ref=0.25);
  Tank tank(area=1);
equation
  connect(source.qOut, tank.qIn);
  connect(tank.tActuator, piContinuous.cOut);
```

```
  connect(tank.tSensor, piContinuous.cIn);
end TankPI;
```

容器组件通过连接器与控制器和液体源连接。容器具有四个连接器：
表示输入流量的 qIn、表示输出流量的 qOut、提供液位高度信息的
tSensor 和设定容器出口处阀位置的 tActuator。调节容器行为的主要
方程是**质量平衡**方程，此例中假设压力不变，输出流量与阀位置（由参
数 flowGain 和限制器所确定）相关，限制器保证流量不超过阀开启和
关闭位置所对应的流量。

```
model Tank
 ReadSignal tSensor "Connector, sensor reading tank level (m)";
 ActSignal tActuator "Connector, actuator controlling input flow";
 LiquidFlow qIn "Connector, flow (m3/s) through input valve";
 LiquidFlow qOut "Connector, flow (m3/s) through output valve";
 parameter Real area(unit="m2") = 0.5;
 parameter Real flowGain(unit="m2/s") = 0.05;
 parameter Real minV=0, maxV=10; // Limits for output valve flow
 Real h(start=0.0, unit="m") "Tank level";
equation
  assert (minV>=0,"minV minimum Valve level must be >= 0");
  der(h)=(qIn.lflow-qOut.lflow)/area;// Mass balance equation
  qOut.lflow = LimitValue(minV,maxV,-flowGain*tActuator.act);
  tSensor.val = h;
end Tank;
```

如上所述，容器具有四个连接器，它们对应的类定义如下：

```
connector ReadSignal "Reading fluid level"
  Real val(unit="m");
end ReadSignal;

connector ActSignal"Signal to actuator for setting valve position"
  Real act;
end ActSignal;

connector LiquidFlow "Liquid flow at inlets or outlets"
  Real lflow(unit="m3/s");
end LiquidFlow;
```

流入容器的液体一定来自某处。因此，在容器系统中定义一个液体源组件，其输出流量会在 time = 150 处急剧的增加至 3 倍于之前的水平，这就创造了需要由控制器处理的问题。

```
model LiquidSource
  LiquidFlowqOut;
  parameter flowLevel = 0.02;
equation
  qOut.lflow = if time>150 then 3*flowLevel else flowLevel;
end LiquidSource;
```

好，现在开始设计控制器。我们首先选择使用 PI 控制器，稍后会用其他类型的控制器代替。连续 PI 控制器的行为主要由下面的两个方程定义：

$$\frac{dx}{dt} = \frac{error}{T}$$

$$outCtr = K(error + x) \tag{4.1}$$

其中 x 是控制器的状态变量，$error$ 是参考液位和从传感器获得的实际液位之差，T 是控制器的时间常数，$outCtr$ 是传送给执行器用来控制阀位置的信号，K 是放大因子。这两个方程放在控制器类 PIcontinuousController 中，它扩展了后面定义的 BaseController 基类。

```
model PIcontinuousController
  extends BaseController(K=2,T=10);
  Real x "State variable of continuous PI controller";
equation
  der(x) = error/T;
  outCtr = K*(error+x);
end PIcontinuousController;
```

通过对第一个方程积分，得到 x，将 x 代入第二个方程，得到如下的控制信号表达式，这个表达式包含关于误差信号的比例系数项和积分系数项，即一个 PI 控制器。

$$outCtr = K\left(error = \int \frac{error}{T}\right)dt \tag{4.2}$$

PI 控制器和随后定义的比例积分微分（PID）控制器都是继承抽象类 BaseController 而来。BaseController 包含通用参数、状态变量和两个连接器，其中，一个连接器用于读取传感器信号，另一个用于控制阀的执行器。

实际上，将图 4.3 中使用的控制器定义为离散 PI 和 PID 控制器时，也可以重用 BaseController 类。离散控制器重复采样液体高度，产生控制信号，控制信号以周期 Ts 在离散的时间点改变值。

```
partial model BaseController
  parameter Real Ts(unit="s")=0.1 "Time period between discrete samples";
  parameter Real K=2 "Gain";
  parameter Real T=10(unit="s") "Time constant";
  ReadSignal cIn "Input sensor level, connector";
  ActSignal cOut "Control to actuator, connector";
  parameter Real ref "Reference level";
  Real error "Deviation from reference level";
  Real outCtr "Output control signal";
equation
  error = ref-cIn.val;
  cOut.act = outCtr;
end BaseController;
```

对 TankPI 模型进行仿真，将获得与 FlatTank 模型相同的响应，因为两个模型都具有相同的基本方程（见图 4.4）。

```
simulate(TankPI, stopTime=250)
plot(tank.h)
```

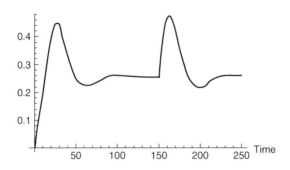

图 4.4　包含 PI 控制器的 TankPI 系统的液位响应

4.2.4　连续 PID 控制容器系统

我们再定义一个 TankPID 系统,除了 PI 控制器被 PID 控制器替换外,其他的都跟 TankPI 一样。可以看到,系统组件可以容易地用“即插即用”的方式替换和改变,这是面向对象-基于组件的方法相对传统建模方法的明显优势(见图 4.5)。

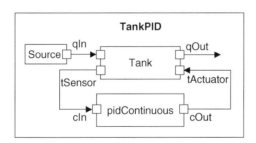

图 4.5　将容器模型中的 PI 控制器替换为 PID 控制器

TankPID 系统的 Modelica 类声明如下:

```
model TankPID
  LiquidSource source(flowLevel=0.02);
  PIDcontinuousController pidContinuous(ref=0.25);
  Tank tank(area=1);
equation
  connect(source.qOut, tank.qIn);
```

```
    connect(tank.tActuator, pidContinuous.cOut);
    connect(tank.tSensor, pidContinuous.cIn);
end TankPID;
```

PID 控制器模型的推导过程与 PI 控制器的类似。由于包含导数项，PID 控制器对瞬时变化的响应比 PI 控制器的快，另一方面，PI 控制器稍微更多地强调补偿的缓慢变化。PID 控制器的基本方程如下：

$$\frac{dx}{dt} = \frac{error}{T}$$

$$y = T\frac{d\ error}{dt} \tag{4.3}$$

$$ottCtr = K(orror + x + y)$$

创建一个 `PIDcontinuousController` 类，包含三个方程定义：

```
model PIDcontinuousController
  extends BaseController(K=2,T=10);
  Real x; // State variable of continuous PID controller
  Real y; // State variable of continuous PID controller
equation
  der(x) = error/T;
  y = T*der(error);
  outCtr = K*(error+x+y);
end PIDcontinuousController;
```

对第一个方程积分，并把 x 和 y 代入第三个方程，获得控制信号的表达式，表达式包含偏差信号相关的比例系数项、积分系数项和微分系数项，即 PID 控制器。

$$ortCtr = K(error + \int \frac{error}{T}dt + T\frac{d\ error}{dt}) \tag{4.4}$$

再次对容器模型进行仿真，但是现在包含 PID 控制器（见图 4.6）：

```
simulate(TankPID, stopTime=250)
plot(tank.h)
```

容器液位高度是关于时间的函数，从图 4.6 中可以看出，PID 控制液位响应和 PI 控制的仿真结果非常相似，但是输入流量快速变化后，PID 控制能更快地恢复到参考液面高度。

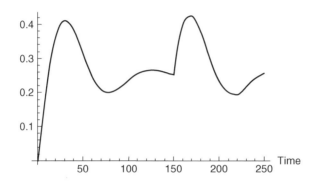

图 4.6　包含 PID 控制器的 TankPID 系统的液位响应

图 4.7 中的曲线显示了 TankPI 和 TankPID 的仿真结果比较。

```
simulate(compareControllers, stopTime=250)
plot({tankPI.h,tankPID.h})
```

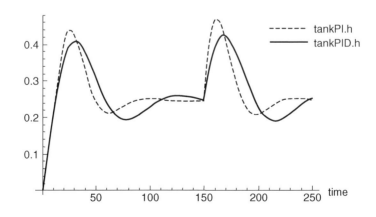

图 4.7　TankPI 与 TankPID 的仿真结果比对

4.2.5　串联容器系统

当以不同的方式组合几个组件来构建如图 4.8 所示的例子时,面向对象-基于组件的建模方法优势变得更明显。示例中两个容器的串联是流程工业中常见的一类连接方式。

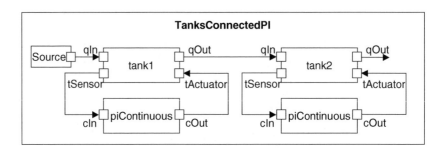

图 4.8　由两个互通的容器、两个 PI 控制器和一个液体源组成的系统

与图 4.8 对应的 Modelica 模型 TanksConnectedPI 如下所示:

```
model TanksConnectedPI
  LiquidSource source(flowLevel=0.02);
  Tank tank1(area=1);
  Tank tank2(area=1.3);
  PIcontinuousController piContinuous1(ref=0.25);
  PIcontinuousController piContinuous2(ref=0.4);
equation
  connect(source.qOut,tank1.qIn);
  connect(tank1.tActuator,piContinuous1.cOut);
  connect(tank1.tSensor,piContinuous1.cIn);
  connect(tank1.qOut,tank2.qIn);
  connect(tank2.tActuator,piContinuous2.cOut);
  connect(tank2.tSensor,piContinuous2.cIn);
end TanksConnectedPI;
```

对串联容器系统进行仿真，可以清楚地看到两个容器的液位对液体源流量变化的响应，显然，第一个容器响应的发生时间比第二个的要早（见图 4.9）:

```
simulate(TanksConnectedPI, stopTime=400)
plot({tank1.h,tank2.h})
```

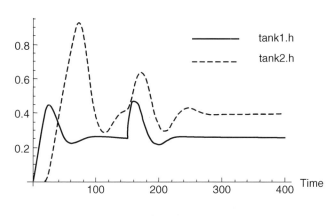

图 4.9　两个串联容器的液位响应

4.3　基于预定义组件的直流电机 TOP-Down 建模

本节将以基于预定义模型库来开展直流伺服电机模型的初步设计为例，阐明面向对象-基于组件建模过程。由于上一节容器实例已经详细地介绍了模型内部构造细节，故本节不对模型的内部细节做深入探讨。

4.3.1　系统定义

直流伺服电机是什么？是一种通过某种调节器控制转速的电机（见图 4.10）。因为是伺服系统，所以电机要维持给定的转速而不受负载变化影响。系统大概包括一个电机、一些机械旋转传动装置和负载、调整转速的控制模块、用于连接控制模块与系统的其他部分的电路，以及电机的其他电气部分。读者可能也注意到了如果不描述系统组件的话，很难定义一个系统，也就是说定义系统的工作实际上已经进入了系统分解阶段。

图 4.10 直流伺服电机

4.3.2 系统分解和通信初步设计

在此步骤中，我们将系统分解为主要的子系统，并初步设计子系统之间的通信。如系统定义阶段已经提到的，系统包含旋转机械部件（包括电机和负载）、电路模型（包括直流电机的电气部件和接口）和控制系统（通过控制电机输入电流以调节速度）。即直流电机包含有如图 4.11 所示的三个子系统：控制器、电路和旋转机械子系统。

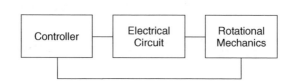

图 4.11 子系统及其连接关系

考虑子系统之间的通信，控制器必须连接到电路，因为它控制电机的输入电流。电路也需要与旋转机械部件连接，以实现电能转换为转动动能。为了实现控制功能，还需要一个包含转速传感器的反馈回路。通信连接关系如图 4.11 所示。

4.3.3 子系统建模

然后进一步分解并建立子系统模型。首先创建控制器的模型，可以在标准 Modelica 库中找到反馈节点和 PI 控制器。再添加一个阶跃函数块作为控制信号。所有的组件如图 4.12 所示。

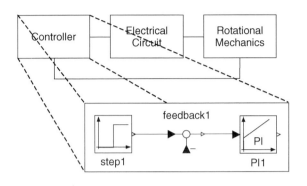

图 4.12　控制器建模

　　第二个要分解的主要组件是直流电机的电路部分（见图 4.13）。在这里我们已经将直流电机分解为标准部件，包括一个由信号控制的电压源、一个电路必备的接地组件、一个电阻、一个代表电机线圈的电感和一个将电能转换为旋转运动的电动力转换器(emf)。

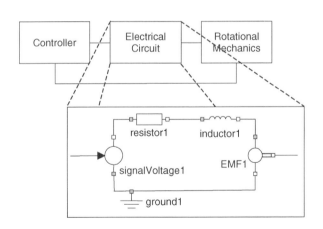

图 4.13　电路建模

　　第三个子系统（见图 4.14）包含三个具有惯量的机械旋转负载、一个理想的齿轮、一个转动弹簧和一个给控制提供数据的转速传感器。

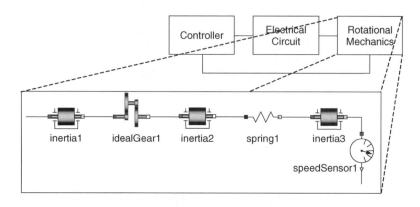

图 4.14　带有速度传感器的机械子系统建模

4.3.4　子系统组件建模

我们设法在 Modelica 模型库中找到所有组件对应的预定义模型。如果某些组件找不到，那就需要为这些组件定义合适的模型类以及方程，如图 4.15 所示的控制子系统的部件，如图 4.16 所示的电气子系统的部件，如图 4.17 所示的旋转机械子系统的部件。

图 4.16 中电气子系统包含的电气组件，如电阻、电感、信号电压源和 emf 组件等，均已关联各自的基本方程。

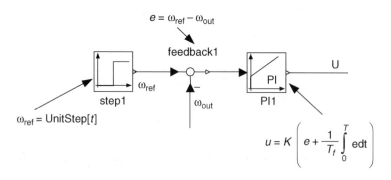

图 4.15　控制子系统中的基本方程与组件

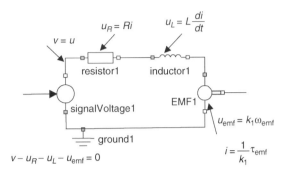

图 4.16 电气子系统中的基本方程与组件

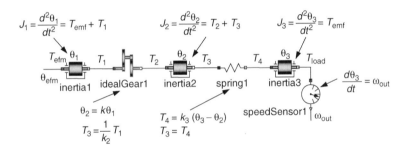

图 4.17 机械子系统中的基本方程与组件

旋转机械子系统包含一些组件，诸如惯量、齿轮、旋转弹簧和传感器。

4.3.5 接口和连接定义

在基于预定义模型库定义子系统之后，子系统的接口也同时已经被定义了，即为子系统的连接器，通过连接器，子系统与其他部分进行交互。根据前面初步设计的通信结构，每个子系统必须定义为能够和其他子系统通信，这要求谨慎地选择连接器类，以确保连接类型兼容。实际上，连接器接口的选择和定义是模型设计中最重要的步骤之一。

直流伺服电机系统的完整模型如图 4.18 所示，包括三个子系统和反馈回路。

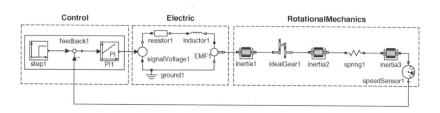

图 4.18   完善子系统间的接口和连接，包括反馈回路

4.4   接口设计-连接器类

和所有的系统设计一样，定义系统模型组件之间的接口是最重要的设计任务之一，因为接口是实现组件通信的基础，接口设计同时也会很大地影响到模型分解的合理性。

明确组件接口（即连接器类）设计背后的**需求**是最重要的，这将影响组件的结构。这些需求简要叙述如下：

● 应该使得组件的连接**简单**而又**自然**。对于物理组件模型的接口，它必须在物理上能够连接这些组件。

● 组件接口应该让模型库中的组件更易于**重用**。

为实现这些目标，需要仔细设计连接器类。为了避免由于连接器中的变量名和变量类型不同而导致不必要的匹配问题，连接器类的数目应该控制到最小。

经验显示，设计满足这些需求的连接器类会非常困难。在开发满足各种计算需求的软件（或模型）时，接口总是会被缓慢地渗入一些无关的细节，这使得接口逐渐变得难以应用且阻碍了组件的重用。因此，设计者应该让连接器类尽可能简单，尽量避免引入不必要的变量。

在设计物理组件模型的连接器类时，最管用的经验法则就是搞清楚组件在真实物理世界中的（非因果）交互特征。在连接器类的设计中，交互特征应该简化和抽象到合适的程度。对于非物理组件，例如信号块和软件组件，设计者需要努力找准接口合适的抽象程度，并根据实践中接口易用性和重用性反馈来迭代接口设计。Modelica 标准库包含大量设计优良的连接器类，在设计新的接口时可以参考。

连接器类基本上分为三类，反映三种设计情况：

1. 如果两个**物理**组件之间的某种交互涉及**能量流**，那么连接类应该采用对应领域的流变量和势变量组合。

2. 如果组件间交换信息或**信号**，那么连接器类应该采用 input/output 信号变量。

3. 如果组件间的复杂交互同时涉及以上两种类型，那么需要设计层次化结构化的**复合连接器**，嵌套的包含一个或多个能量型、信号型和复合型连接器。

当一个组件的所有连接器都根据以上的三条准则设计好后，组件类其他部分的设计需要部分地遵循连接器所暗含的约束。当然，也不能盲目地遵守这些准则，如某些领域的例子在特定场景下也不完全符合上述准则。

4.5　总结

本章介绍了如何利用面向对象-基于组件的方法和流程实现对所关注系统进行建模，通过容器示例详述了传统方法和面向对象方法的差别。

4.6　文献

Rumbaugh[1991]和 Booch[1991]介绍了面向对象建模和设计的基本原则。Ljung 和 Glad[1994]讨论了面向框图建模的一般设计原则，

Andersson[1994]较深入地探讨了面向对象的数学建模。

许多软件工程、建模和仿真领域的概念和专业名词均来自于标准软件工程术语表（IEEE Std 610.12-1990）以及建模和仿真标准术语表（IEEE Std 610.3-1989）。

第 5 章
Modelica 标准库

The Modelica Standard Library

Modelica 语言的大部分建模能力来自其模型类的易于重用。特定领域内相互联系的类分组成包，从而便于查找。本章将简要概述部分常见的 Modelica 包。

Modelica 包是预定义的特殊标准包，与 Modelica 语言一起由 Modelica 协会进行开发、维护。因此这一模型包也称为 **Modelica 标准库**（MSL：Modelica Standard Library）。它提供不同应用领域的常数、类型、连接器、基类以及模型组件类，并集合成 Modelica 标准库的子库。

按照 **Modelica 许可证**要求，Modelica 标准库可以免费用于商业或者非商业目的，其完整文档及源代码可进入 http://www.modelica.org/library 进行查看，Modelica 工具通常也会包含该库。

Modelica 标准库 3.1 版本（2009.8）包含 920 个模型以及 610 个函数，其详细信息列入表 5.1.

表 5.1　Modelica 标准库 3.1 版本的主要子模型库

	Modelica.Electrical.Analog 模拟电气和电子元件,如电阻、电容、变压器、二极管、晶体管、传输线、开关、电源和传感器
	Modelica.Electrical.Digital 基于 VHDL 的九值逻辑数字电子元件。包含延时、门、源以及二值、三值、四值和九值逻辑之间的转换器
	Modelica.Electrical.Machines 不带控制系统的电机,如同步电机、异步电机、直流的电机和发电机
	Modelica.Mechanics.Rotational 一维的旋转机械系统,如传动系统、行星齿轮。包含惯量、弹簧、齿轮箱、轴承摩擦、离合器、刹车、回弹和力矩等
	Modelica.Mechanics.Translational 一维的平动机械系统,如质量块、挡块、弹簧、回弹和受力
	Modelica.Mechanics.MultiBody 由运动副、刚体、力和传感器组成的三维机械系统。运动副可以由 Ratational 库中的组件驱动,每个组件都有默认的动画

续表

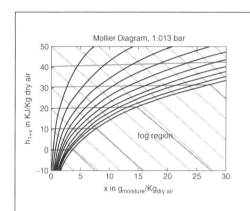	**Modelica.Media** 包含单相、多相、单一介质和混合介质的大型介质模型库： • 基于 NASA 的 Glenn 参数以及气体模型混合的高精度气体模型 • 简 单 和 高 精 度 的 水 模 型（IAPWS/IF97） • 干燥和潮湿空气模型 • 基于表格的不可压缩介质 • 具有线性压缩特性的简单液体模型
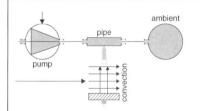	**Modelica.Thermal** 简单的热流体管流，特别适用于以水和空气为介质的机器冷却系统。包含管道、泵、阀、传感器和流体源等。此外，表示集中传热部件，如热容器、热导体、对流、热辐射等
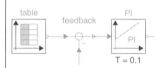	**Modelica.Blocks** 连续和离散的输入/输出框图。包含传递函数、线性状态空间系统、非线性、数学、逻辑、表格和源模块
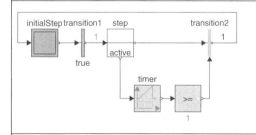	**Modelica.StateGraph** 分层的状态图，建模功能类似于 Statecharts。Modelica 被用作同步行为语言，保证了行为确定性

```import Modelica.Math.Matrices;```
```A = [1,2,3;```
```   3,4,5;```
```   2,1,4];```
```b = {10,22,12};```
```x = Matrices.solve(A,b);```
```Matrices.eigenValues(A);```
	Modelica.Math.Matrices/Modelica.Utilities
	求解线性方程和计算特征值、奇异值的矩阵函数。
	还有字符串、流、文件的操作函数

续表

`type Angle = Real (`
`    final quantity = "Angle",`
`    final unit     = "rad",`
`    displayUnit    = "deg");`
	Modelica.Constants，
	Modelica.Icons，**Modelica.Siunits**
	提供综合用途
	• 常用常数，如 e，π，R
	• 模型中可以使用的图标库
	•大约 450 个基于国际标准单位制的预定义类型，如质量、角度、时间

多个库中存在名为 `Interfaces` 的子库，它包含该库中其他子库可能重用的本应用领域的通用接口或者抽象类。

此外，许多库包含名称为 `Examples` 的子库，其存储的模型示例用于展示如何使用本库中的模块，表格 5.2 列出了一些存在子库的模型库。

表 5.2   具有 Interfaces 和 Examples 子模型库的部分模型库

Modelica	Modelica 协会标准模型库（表中模型库均为 Modelica 库的子库）

`Blocks`
　`Interfaces`
　`Continuous`
　`...`
	用于控制建模的输入/输出框图
	　框图的接口子模型库
	　具有内部状态的连续控制模块
	　...

`Electrical`
　`Analog`
　　`Interfaces, Basic, Ideal,`
　　`Sensors, Sources,`
　　`Examples,`
　　`Lines, Semiconductors`
 	
　`Digital`
　`...`
	通用电气组件模型
	　模拟电气组件模型
	　　模拟电气子模型库
	　　模拟电气子模型库
	　　模拟电气子模型库
	　　模拟电气子模型库
	
	　数字电气组件
	　...

续表

Mechanics	通用机械库
Rotational	一维旋转机械组件
Interfaces, Sensors,	旋转子模型库
Examples, …	…
Translational	一维平动机械组件
Interfaces, Sensors,	平动子模型库
Examples, …	…
MultiBody	三维机械系统-多体库
Interfaces, Sensors,	多体子库
Examples	…

表 5.3　部分附加的免费 Modelica 模型库

ModelicaAdditions:	旧版本的附加 Modelica 模型库，如 Blocks、PetriNets、Tables、HeatFlow1D、MultiBody
Blocks	附加的输入/输出框图
Discrete	具有固定采样周期的离散输入/输出框图
Logical	逻辑运算输入/输出框图
Multiplexer	信号组合和分离的连接器
PetriNets	Petri 网络和状态转换图
Tables	一维和二维搜索表
HeatFlow1D	一维热流
MultiBody	三维机械系统—旧版本的多体系统库，具有连接限制和人工处理的动态环
Interfaces,Joints,CutJoints	旧版本的多体系统子模型库
Forces, Parts, Sensors,	旧版本的多体系统子模型库
Examples	旧版本的多体系统子模型库
SPOT	瞬态和稳态的电力系统库，2007 年发布
ExtendedPetriNets	增强的 Petri 网络库，2002 年发布
ThermoFluid	关于热力学、热工水力学、火力发电厂和过程系统的旧版本模型库
SystemDynamics	la J. Forrester 写的动态系统库，2007 年发布
QSSFluidFlow	准稳态流体流动库

续表

Fuzzy Control	模糊控制库
VehicleDynamics	车辆底盘动力学库，2003 年发布（已过时，由对应的商业库代替）
NeuralNetwork	神经网络数学模型库，2006 年发布
WasteWater	废水处理厂库，2003 年发布
ATPlus	楼宇仿真和控制（包括模糊控制）库，2005 年发布
MotorCycleDynamics	电机循环工况动力学和控制库，2009 年发布
SPICElib	电路仿真器 PSPICE 功能库，2003 年发布
BondLib	物理系统键合图建模库，2007 年发布
MultiBondLib	物理系统多键合图建模库，2007 年发布
ModelicaDEVS	DEVS 离散事件建模库，2006 年发布
External.Media Library	外部流体属性计算库，2008 年发布
VirtualLabBuilder	虚拟实验室的实施库，2007 年发布

还有大量的免费 Modelica 库并未包含在 Modelica 标准库中，亦尚未经过 Modelica 协会"认证"。这些库的质量良莠不齐，其中有一些已经通过测试并具备完善的文档，Modelica 协会官网上显示的库的数量正在快速增长，表 5.3 是 2009 年模型库情况简要统计情况。有些收费的商业库同样收录在内。

开发一个应用或者一个库时，建议使用 Modelica.Siunits 中的标准定义类型以及 Interfaces 子包（例如标准库中的 Modelica.Blocks.Interfaces）中定义的标准接口，此举保证模型组件能够基于相同的物理抽象，并具备可兼容的接口，以便互相连接。

表 5.4 列出了基本的连接器类，其中流变量前面有 flow 前缀，势变量无前缀。

在所有领域中，通常定义两类等效的连接器，例如 DigitalInput-

`DigitalOutput,HeatPort_a-HeatPort_b` 等。这些连接器中的变量定义完全相同,只有图标不同,目的是便于在同一领域相同模型上对两个端口进行区分。

表 5.4 Modelica 模型库通用的基础连接器类

领域	势变量	流变量	连接器定义	图标
模拟电路	电势	电流	Modelica.Electrical.Analog.Interfaces.Pin, .PositivePin, .NegativePin	
多相电	电子针脚的矢量		Modelica.Electrical.MultiPhase.Interfaces. Plug,.PositivePlug, .NegativePlug	
电机空间矢量	2 个电势	2 个电流	Modelica.Electrical.Machines.Interfaces SpacePhasor	
数电	整数(1.9)	-	Modelica.Electrical.Digital.Interfaces. DigitalSignal, .DigitalInput, DigitalOutput	
平动	位移	剪切力	Modelica.Mechanics.Translational.Interfaces. Flange_a, .Flange_b	
转动	角度	剪切力矩	Modelica.Mechanics.Rotational.Interfaces. Flange_a, .Flange_b	
三维机械	位置向量方位对象	剪切力向量,剪切力矩向量	Modelica.Mechanics.MultiBody.Interfaces. Frame, .Frame_a, .Frame_b, .Frame_resolve	
简单流体流动	压力比焓	质量流量焓流量	Modelica.Thermal.FluidHeatFlow.Interfaces. FlowPort, .FlowPort_a, .FlowPort_b	
热传导	温度	热流率	Modelica.Thermal.HeatTransfer.Interfaces. HeatPort, .HeatPort_a, .HeatPort_b	
方块图	实数,整数,布尔值		Modelica.Blocks.Interfaces.RealSignal, .RealInput, .RealOutput.IntegerSignal, .IntegerInput, .IntegerOutput.BooleanSignal, .BooleanInput, .BooleanOutput	

续表

领域	势变量	流变量	连接器定义	图标
状态机	布尔变量（占用，设置，待命，重置）		Modelica.StateGraph.Interfaces.Step_in, .Step_out, .Transition_in, .Transition_out	▶ ☐
热流体流动	压力 Stream 变量（如果 $m_{flow}<0$）：特别是比焓、质量组分（m_i/m），其他属性组分（c_i/m）	质量流量	Modelica_Fluid.Interfaces.FluidPort, .FluidPort_a, .FluidPort_b	◉ ◯
磁场	流变量 磁势	磁通量	Magnetic.Interfaces.MagneticPort, .PositiveMagneticPort,.NegativeMagneticPort	◼ ☐

5.1 总结

本章简要介绍了 Modelica 的库结构，3.1 版本的 Modelica 标准库在 Modelica 语言规范 3.2 中和 Modelica 协会网页中都有介绍。Modelica 可用库的数量正在快速增长。Modelica 标准库已经通过很好的测试，并且到目前为止，大部分都进行了改进优化。

5.2 文献

本章介绍的所有 Modelica 库，包括文档以及源代码，都能在 Modelica 协会网站 www.modelica.org 上找到。同时，Modelica 协会官网也提供一些商业库的文档。

本章最重要的参考引用是 Modelica 语言规范（Modelica 协会 2010）第 19 章。本章重用了其中的表格 5.1 和表 5.4，这些表格由 Martin Otter 创建。

附录 A

术语表

Glossary

算法区（algorithm section）：类定义的一部分，由关键词 `algorithm` 开始，其后跟着一系列语句。类似于一个方程，一个算法区表示其内部的一组变量之间的约束关系，即，这些变量的值需同时满足算法语句约束关系。和方程区不同，算法区中区分输入变量和输出变量：算法区相当于给定输入变量的一个函数，指明了如何计算输出变量。（见 2.14 节）

数组或数组变量（array or array variable）：包含数组元素的变量。对于数组来说，元素的顺序很重要：数组 x 的元素序列中的第 k 个元素是具有索引 k 的数组元素，记作 $x[k]$。一个数组中的所有元素具有相同的类型。数组的元素也可以是数组，即数组可以嵌套。通常使用 n 个索引来引用数组元素，其中 n 是数组维数。数组特例是矩阵（$n=2$）和向量（$n=1$）。数组索引是整数，从 1 开始，而不是 0，即索引下限值是 1。（见 2.13 节）

数组构造器（array constructor）：数组可以使用数组函数来创建——用速记大括号 {a, b, ...}，也可以通过包含迭代器来创建数组表达式。（见 2.13 节）

数组元素（array element）：数组中包含的元素。数组元素不能通过标识符引用，只能通过数组访问表达式（即为索引）来引用，索引采用枚举值或者索引范围内的正整数值。（见 2.13 节）

赋值（assignment）：x := expr 形式的语句。表达式 expr 的可变性不能高于 x。（见 2.14.1 节）

属性（attribute）：标量变量具有的特性值（或者理解为专属于变量的字段），例如 min、max 和 unit。所有的属性均为预定义，属性值只能通过变型来定义，例如 Real x(unit="kg")。属性不能用点运算符访问，也不能通过方程和算法区来约束。例如，"Real x(unit="kg") = y;" 只声明了 x 和 y 的值相等，并没有约定它们的 unit 属性或其他任何属性相等。（见 2.3.5 节）

基类（base class）：如果类 B 继承自类 A，则类 A 称作类 B 的基类。继承关系用 extends 语句在 B 或 B 的某个基类中进行声明。一个类继承来自其所有基类的所有元素，允许对继承自基类的所有非最终元素进行变型。（见 3.7 节）

绑定方程（binding equation）：指与变量值相关的声明方程或者变型方程。带有绑定方程的变量，其值必然与某个表达式绑定。（见 2.6 节）

类（class）：生成实例（也叫对象）的模板描述。描述包括类定义、修改类定义的变型环境、可选的维度表达式列表（对数组类而言）和词法封闭标记。（见 2.3 节）。

类类型或**继承接口（class type or inheritance interface）**：指类的特征，包括一系列属性和一组由公共或保护的元素组成，每个元素包括元素名、元素类型和元素属性。

声明赋值（declaration assignment）：形如 x := expression 的赋值，通过函数中的变量声明来定义。与声明方程不同的是，x 允许被多

次赋值。（见 2.14.3 节）

声明方程（**declaration equation**）：形如 x = expression 的方程，通过组件声明来定义。expression 的可变性不能高于组件 x。和其他方程不同，声明方程可以通过元素变型被覆盖（替换或删除）。（见 2.6 节）

派生类或子类（**derived class or subclass**）：如果类 B 继承于类 A，则 B 叫做 A 的派生类。（见 2.4 节）

元素（**element:**）：类定义的一部分，类定义、组件声明或继承子句三者之一。组件声明和类定义称为命名元素。元素要么从基类继承，要么本地定义。

元素变型（**element modification**）：变型的一部分，利用实例的变型元素覆盖实例类型中的声明方程。示例：`vcc(unit="V")=1000`。（见 2.6 节和 2.3.4 节）

元素重声明（**element redeclaration**）：变型的一部分，对某个用于创建实例的、且包含重声明元素的命名元素进行替换。示例：`redeclare type Voltage= Real(unit="V")` 替换 `type Voltage`。（见 2.5 节）

封闭性（**encapsulated**）：类前缀，使得编译查找机制会在具有封闭性的类边界处停止，进而使类不再依赖于其所在的模型包层次。（见 2.16 节）

方程（**equation**）：表示相等的关系，是类定义的一部分。一个标量方程表示一组标量变量之间的关系，即，这些变量须同时满足方程约束关系。当一个包含 n 个变量的方程中，n-1 个变量是已知时，可以推断（求解）第 n 个变量的值。与算法区的赋值语句不同，方程不具体定义哪个变量。特殊的方程包括：初始化方程、瞬态方程和声明方程。（见 2.6 节）

事件（event）：在特定的时刻或特定的条件触发时瞬间发生的事情。事件由诸如 when 子句、if 子句或者 if 表达式中出现的条件来定义。（见 2.15 节）

表达式（expression）：由运算符、函数引用、变量/命名常量、变量引用（指向变量）以及文字量等构建的项。每个表达式都有类型和可变性。（见 2.1.1 节和 2.1.3 节）

继承子句（extends clause）：类定义中的未命名元素，使用一个名字和一个可选的变型来说明与基类之间的继承关系。（见 2.4 节）

平坦化（flattening）：将一个给定类展开为平坦化类的推导过程，给定类中所有的继承、变型等都已执行生效，所有的名字都已经解析，展开为一个包含所有方程、算法区、组件声明和函数的平坦化集合。（见 2.20.1 节）

函数（function）：函数特化类。（见 2.14.3 节）

函数子类型（function subtype）：当且仅当 A 是 B 的子类型，且 A 中额外定义的形参（如形参赋缺省值），在 B 中未被定义，则称 A 是 B 的函数子类型。此时，能够调用函数 B 的地方都可以调用函数 A。更多详细内容，见 Fritzson（2004）和 Fritzson（2012）书籍的第 3 章。

标识符（identifier）：原子（非组合）名字。示例：`Resistor`。（见 2.1.1 节有关变量名称的内容）

索引或下标（index or subscript）：用于引用数组一个元素（或元素范围）的表达式，通常是整型或者冒号"`:`"。（见 2.13 节）

实例（instance）：由类生成的对象。一个实例包含零个或多个组件（即实例）、方程、算法和局部类，实例具有类型。基本上，如果两个实例的重要属性相同，且它们的公共组件和局部类的标识符和类型都一一相等，那么这两个实例具有相同的类型。还有更多的特定类型等价定义，

例如函数类型。（见 2.13 节）

　　瞬时性（**instantaneous**）：如果方程或语句只在事件时刻（即一些单个时间点）上生效，那么它们是瞬时的。When 子句中的方程和语句是瞬时的。（见 2.15 节）

　　文字量（**literal**）：实型、整型、布尔型、枚举型或字符串类型的常量值，即一个文字量。用来构建表达式。（见 2.13 节）

　　矩阵（**matrix**）：维数为 2 的数组。（见 2.13 节）

　　变型（**modification**）：元素的一部分。用于修改由该元素生成的实例。变型包括元素变型和元素重声明。（见 2.3.4 节）

　　名字（**name**）：一个或多个标识符的序列。用于引用类或者实例。类的名字在一个类的作用域内解析，后者包含了一组可见类的定义。名字示例："Ele.Resistor"。（见 2.16 节和 2.18 节）

　　运算符结构体（**operator record**）：带有用户自定义运算的结构体，例如乘和加。（见 2.14.4 节）

　　抽象类（**partial**）：不完整和不能被实例化的类，用作基类。（见 2.9 节）

　　预定义类型（**predefined type**）：包括 Real、Boolean、Integer、String 和 enumeration 类型。预定义类型的属性声明定义诸如 min、max 和 unit 等属性。（见 2.1.1 节）

　　前缀（**prefix**）：类定义中元素的特性，可以出现或不出现，例如 final、public、flow。

　　重声明（**redeclaration**）：带有关键词 redeclare 的变型项，用于改变一个可替换元素。（见 2.5 节）

可替换性（**replaceable**）：一个元素可以被具有兼容类型的其他不同元素替换。（见 2.5 节）

限制子类型（**restricted subtyping**）：当且仅当 A 是 B 的一个子类型，且属于 A 但不属于 B 的所有公共组件必须默认可连接，那么类型 A 是类型 B 的一个限制子类型。这用来避免通过重声明在类型 A 的对象或类中引入未连接的连接器，而类型 A 处于不可连接的层次。（见 2.5.1 节和 Fritzson（2004）的第 3 章）

标量或标量变量（**scalar** or **scalar variable**）：非数组变量。（见 2.1.1 节和 2.13 节）

简单类型（**simple type**）：`Real`、`Boolean`、`Integer`、`String` 和 `enumeration` 类型。（见 2.1.1 节）

特化类（**specialized class**）：包括 model、connector、package、record、operator record、block、function、operator function 和 type。特化是针对类内容的特别主张，限制其在其他类中的用法，并提供了相比类基础概念增强的特性。例如，package 特化类只能包含子类和常数。（见 2.3.3 节）

子类型兼容性（**subtype compatible**）：表示类型之间的关系。当且仅当 A 和 B 的特性相同，A 和 B 中所有重要元素都能一一对应，两方的元素名称相同，且 A 中元素类型是 B 中对应元素类型的子类型，此时，A 是 B 的一个子类型。（见 Fritzson（2004）的第 3 章）

父类型（**supertype**）：表示类型之间的关系，与子类型相反的概念。A 是 B 的子类型，意味着 B 是 A 的父类型或基类型。（见 2.4 节）

类型（**type**）：实例、表达式的特性。类型包括一系列属性和一组公共元素，其中元素由元素名字、元素类型和元素特性构成。注意：类类型的概念是类定义的特性，也包括保护元素。类类型用于某些子类型关

系，例如继承。（见 Fritzson（2004）第 3 章，）

可变性（variability）：表达式的特性，可以是下面四种值之一：

- **连续**（continuous）：表达式可以在任何时间点改变其值。
- **离散**（discrete）：只能在仿真中事件时刻改变其值。
- **参数**（parameter）：在整个仿真过程中是常数，但在每次仿真前可以改变其值。参数可以出现在工具菜单中。模型的默认参数值通常不具有物理意义，建议在仿真前改变其值。
- **常量**（constant）：在整个仿真过程中是常数，可以在模型包中使用和定义。

赋值语句 x := expr 和绑定方程 x = expr 必须满足可变性约束：expr 的可变性不能高于 x。（见 2.1.4 节）

变量（variable）：由变量或常量声明生成的实例（或对象）。特殊类别的变量包括标量、数组和属性。（见 2.1.1 节和 2.3.1 节）

变量声明（variable declaration）：生成变量、参数和常量的类定义元素。变量声明指明了：（1）变量名字，即标识符；（2）为了生成变量需要平坦化的类；（3）可选的布尔参数表达。如果这个参数表达式估值是假，那么变量将不会生成[①]。变量的声明也可以被元素重声明覆盖。（见 2.3.1 节和 2.1.3 节）

变量引用（variable reference）：包含一系列标识符和下标的表达式。变量引用等价于被引用的对象。变量引用在类（对局部迭代器变量而言是表达式）的作用域内被解析（或估值）。作用域定义了可见的变量和类的集合。示例：Ele.Resistor.u[21].r。（见 2.1.1 节和 2.13 节）

向量（vector）：维数为 1 的数组。（见 2.13 节）

---

① 译者注：条件变量当条件参数表达式估值为假时变量声明不生效。

文献

本术语表根据 Modelica 语言规范 3.2（Modelica 协会 2010）略加修改。术语表的第一个版本由 Jakob Mauss 编写。当前版本包含许多 Modelica 协会成员的贡献。

附录 B

OpenModelica 和 OMNotebook 命令

OpenModelica and OMNotebook Commands

附录 B 简要讲解 OpenModelica 的命令，介绍 OMNotebook 电子书，它可以用于 Modelica 文本建模。

B.1 交互式电子书 OMNotebook

交互式电子书是包含计算、文本以及图形的活动文档。因此，这些文档适合教学和试验，编写仿真脚本，模型文档和储存等。OMNotebook 是这类电子书的一种开源实现，属于 OpenModelica 工具集。

● 安装 OpenModelica 时会自动安装 OMNotebook 和 DrModelica 文档。在 Window 平台上通过程序菜单 `OpenModelica->OMNotebook` 启动 OMNotebook，或者双击你要打开的.onb 文件。开启 OMNotebook 时自动打开 `DrModelica.onb` 文档。

● 为了对一个单元估值，只要单击特定的单元，然后按 Shift + Enter 键。对一系列单元进行估值时，你也可以单击单元右边的标记，然后按 Shift + Enter 键。

- 如果在命令的后面加分号（;），命令的值将不再返回输出单元中。
- 当你使用或者保存自己的文件时，最好首先改变文件所在位置的目录。可以通过 `cd()` 命令来完成。
- 为了执行仿真，首先通过单击和 Shift + Enter 快捷键对单元进行估值。然后对仿真命令估值，例如，在 Modelica 输入单元输入"`simulate(modelname,startTime=0,stopTime=25);`"，然后按 Shift + Enter 键。
- 你可以只输入命令的初始部分，并按下 Shift+Tab 来保存输入,例如 sim 表示 simulate，然后命令将会自动展开和完成。
- 当编写 Modelica 代码时，一定要用到 `ModelicaInput` 单元。
- 可以通过 `Cell->Input Cell` 下拉菜单命令创建新的输入单元，或通过快捷键 Ctrl+Shift+I。快捷键 Alt+Enter 会创建与上一个单元文本样式相同的新单元。

仿真完一个类后，可以通过 plot 命令画出类中的变量值，或者用 val 命令直接查看。传给 plot 命令的变量名称指的是最近仿真的模型，所以不需要在变量前加模型名称。

有关如何使用电子书的更详尽的方法，请参阅 OpenModelica 用户手册的电子书章节(见图 B.1)。安装 OpenModelica 时包括用户手册的安装，可以通过程序菜单（Windows）中的 OpenModelica 快捷方式打开。

开发 DrModelica 电子手册，用于帮助学习 Modelica 语言和介绍面向对象的建模和仿真。它基于本书内容开发，也是本书的补充材料。DrModelica 中所有的例子、练习和页码都是来自本书。DrModelica 中的大部分文本也是基于本书。

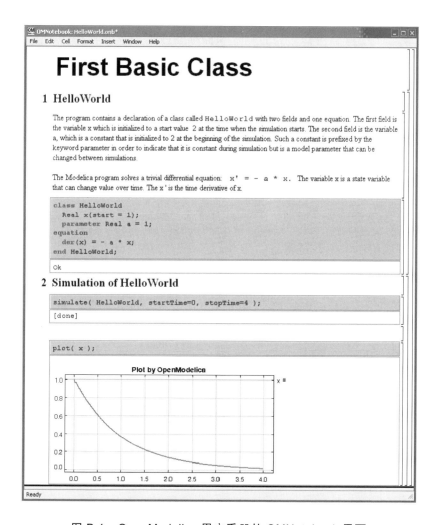

图 B.1　OpenModelica 用户手册的 OMNotebook 界面

B.2　常用命令和示例

OpenModelica 中仿真命令和画图命令的使用方式如下：

```
>simulate(myCircuit, stopTime=10.0)
>plot({R1.v})
```

脚本命令用于仿真、类的加载和保存、数据的读取和存储、结果的显示等各种用途。传递给脚本语言函数的参数要参照 Modelica 和脚本函数的语法和输入规则。下面用示例简单介绍了函数形参的类型。

- 字符串类型参数，例如"hello"、"myfile.mo"
- 类型名——类、模型包和函数名，如 `MyClass`、`Modelica.Math`
- 变量名——变量名称，例如 `v1`、`v2` 和 `vars1[2].x`
- 整型或者实型参数，例如 35、3.14、`xintvariable`
- 选项——具有命名形参传递的可选择参数

下面给出了一些最常用的命令，下一节将列出全部命令。

simulate (*className, options*)：编译和仿真一个模型，可以设置开始时间、终止时间、仿真间隔或仿真步数。仿真步数越多，仿真结果的时间间隔越短，但是会占用更多存储空间和更长计算时间。默认的间隔数是 500。

输入：`TypeName className; Real startTime; Real stopTime; Integer numberOfIntervals; Real outputInterval; String method; Real tolerance; Real fixedStepSize;`

输出：`SimulationResult simRes`

例 1：`simulate(myClass);`

例 2：`simulate(myClass, startTime=0, stopTime=2, numberOfIntervals= 1000,tolerance=1e-10);`

plot(*variables, options*)：绘制来自最近仿真模型的一个或若干个变量的曲线，其中**变量**可以是一个单独的名称，或者如果几个变量需要分别使用曲线表示，那么 variables 是一个变量名称的向量。利用可选参数 xrange 和 yrange 可以设置图中的显示区间。

输入：`VariableName variables`；`String title`；`Boolean legend`；`Boolean gridLines`；`Real xrange[2]`，例如`{xmin,xmax}`；`Real yrange[2]`，例如`{ymin,ymax}`。

输出：`Boolean res`

例 1：`plot(x)`

例 2：`plot(x,xrange={1,2},yrange={0,10})`

例 3：`plot({x,y,z})` `//Plot 3 curves, for x, y, and z.`

quit()：离开和退出 OpenModelica。

B.3　完整命令列表

下面给出了 OpenModelica 基础脚本命令的完整列表。OpenModelica 的系统文档还介绍了一组额外的高级命令供软件客户使用。

首先，通过一些命令展示 OpenModelica 的交互会话。可以从 OpenModelica 的工具 OMNotebook、OMShell 中使用交互命令行接口，或者使用 OpenModelica MDT Eclipse 外挂插件的命令行。

```
>> model Test Real y=1.5; end Test;
{Test}

>>instantiateModel(Test)
"fclass Test
Real y = 1.5;
end Test;
"
>>list(Test)
  "model Test
    Real y=1.5;
  end Test;
"
```

```
>> plot(y)

>>a:=1:10
  {1,2,3,4,5,6,7,8,9,10}

>> a*2
  {2,4,6,8,10,12,14,16,18,20}

>>clearVariables()
  true

>>clear()
  true

>>getClassNames()
  {}
```

以下是 OpenModelica 基本命令的完整列表。

cd()：以字符形式返回当前的文件目录。

输出：`String dir`

cd(dir)：将工作目录更改为 dir 表达的目录。

输入：`String dir`

输出：`Boolean res`

例子：`cd("C:\MyModelica\Mydir")`

checkModel(className)：平坦化模型、优化方程和报告错误。

输入：`TypeNameclass Name`

输出：`Boolean res`

例子：`checkModel(myClass)`

clear()：清除已加载的所有定义，包括变量和类。

输出：Boolean res

clearVariables()：清除所有用户自定义的变量。

输出：Boolean res

clearClasses()：清除所有类定义。

输出：Boolean res

clearLog()：清除记录。

输出：Boolean res

closePlots()：关闭所有的绘图窗口。

输入：Boolean res

dumpXMLDAE(*modelname*,...)：根据一些设置参数，导出已平坦化和优化模型的 XML 格式文件。

exportDAEtoMatlab(*name*)：模型导出为 Matlab 文件。

getLog()：以字符形式返回记录。

输出：String log

help()：显示命令的帮助文档。

instantiateModel(*modelName*)：平坦化模型，然后返回包括平坦类定义的字符串。

输入：TypeName className

输出：String flatModel

list()：返回包含所有已加载类的定义的字符串。

输出：String classDefs

list(*className*)： 返回包含命名类的类定义的字符串。

输入：`TypeName className`

输出：`String classDef`

listVariables()： 返回目前已定义变量的名称的向量。

输出：`VariableNam[:] names`

例子：`listVariables() returns {x,y, ...}`

loadFile(*fileName*)： 加载以字符实参 filename 给定名称的 Modelica 文件。

输入：`Stringfile Name`

输出：`Boolean res`

例子：`loadFile("../myLibrary/myModels.mo")`

loadModel(*className*)： 加载与 className 对应的文件，使用 Modelica 类名到文件名的映射来查找文件，搜索由环境变量 OPENMODELICALIBRARY 指定的路径。

注意，如果 `loadModel(Modelica)` 失败，OPENMODELICALIBRARY 有可能指向了错误的位置。

输入：`TypeNameclass Name`

输出：`Boolean res`

例子：`loadModel(Modelica.Electrical)`

plot(*variables, options*)： 画出来自最近仿真模型的一个或若干个变量的图像，其中 variables 可以是一个单独的名称，或者如果几个变量需要分别使用曲线表示，那么 variables 是一个变量名称的向量。利用可选参数 xrange 和 yrange 可以设置图中的显示区间。

输入：VariableName variables；Stringtitle；Booleanlegend；Boolean gridLines ；Realxrange[2]，例 如 {xmin,xmax}；Realyrange[2]，例如{ymin,ymax}

输出：Boolean res

例 1：plot(x)

例 2：plot(x,xrange={1,2},yrange={0,10})

例 3：plot({x,y,z}) //Plot 3 curves, for x, y, and z

plotParametric (*variables1*, *variables2*, *options*)：绘出变量向量中每一对对应的变量或者单独变量 variables1、variables2 作为参数图。

输入：VariableName variables1[:]；VariableName variables2 [size(variables1,1)]；String title；Boolean legend；Boolean gridLines；Real range[2,2]

输出：Boolean res

例 1：plotParametric(x,y)

例 2：plotParametric({x1,x2,x3}, {y1,y2,y3})

plot2(*variables*, *options*)：另一个函数实现（采用 Java），支持 plot() 的大部分选项。

plotParametric2 (*variables1*, *variables2*, *options*)：另一个函数实现（采用 Java），支持 plotParametric 的大部分选项设置。

plotVectors(*v1*, *v2*, *options*)：在 x-y 视图中画出向量 v1 和 v2。

输入：VariableName v1; VariableName v2

输出：Boolean res

quit()：离开和退出 OpenModelica。

readFile (*fileName*)：加载字符串 fileName 给定的文件，并返回包含文件内容的字符串。

输入：String fileName; String matrixName; int nRows; int nColumns

输出：Real res[nRows,nColumns]

例子：readFile("myModel/myModelr.mo")

readMatrix (*fileName, matrixName*)：从文件 fileName 读取矩阵 matrixName。

输入：String fileName; String matrixName

输出：Boolean matrix[:,:]

readMatrix(*fileName, matrixName, nRows, nColumns*)：从文件中读取矩阵，指定文件名、矩阵名和行数、列数。

输入：String fileName; String matrixName; int nRows; int nColumns

输出：Real res[nRows,nColumns]

readMatrixSize (*fileName,matrixName*)：读取文件中给定名称的矩阵的维数。

输入：String fileName; String matrixName

输出：Integer sizes[2]

readSimulation Result(*fileName*,*variables, size*)：读取包含一系列变量的仿真结果，返回变量值的矩阵（每一列保存为一个向量或者一个变量的值）。结果的大小（由调用 readSimulation-ResultSize 获得）作为输入。

输入：`String fileName; VariableName variables[:]; Integer size`

输出：`Real res[size(variables,1),size)]`

readSimulationResultSize(*fileName*)：从文件中读取仿真结果的大小，例如，轨迹向量计算和存储的仿真点数目。

输入：`String fileName`

输出：`Integer size`

runScript(*fileName*)：执行用字符串实参 fileName 指定的脚本文件。

输入：`String fileName`

输出：`Boolean res`

例子：`runScript("simulation.mos")`

saveLog(*fileName*)：将包含错误消息的仿真记录保存到文件。

输入：`String fileName`

输出：`Boolean res`

saveModel(*fileName*, *className*)：将模型或类以名称 className 保存到 fileName 指定的文件。

输入：`String fileName; TypeName className`

输出：Boolean res

saveTotalModel (*fileName, className*)：将所有的类定义保存到一个类的文件中。

输入：String fileName; TypeName className

输出：Boolean res

simulate (*className,options*)：以设置参数开始时间、结束时间和计算仿真结果的迭代步数来编译和仿真模型。大量的步数会得到时间精度高的结果，但是会占用更多的空间和需要更长的求解时间。默认的间隔数目为 500。

输入：TypeName className; Real startTime; Real stopTime; Integer numberOfIntervals ; Real outputInterval ; String method; Real tolerance; Real fixedStepSize

输出：SimulationResult simRes

例 1：simulate(myClass)

例 2：simulate(myClass, startTime=0, stopTime=2, numberOfIntervals= 1000,tolerance=1e-10)

system(*str*)：在操作系统中以系统命令执行 str，返回整型的成功值。控制台窗口显示通过 shell 命令得到的标准输出。

输入：String str

输出：Integer res

例子：system("touch myFile")

timing(*expr*)：求解表达式 expr，返回求解的时间，以 s 为单位。

输入：`Expression expr`

输出：`Integer res`

例子：`timing(x*4711+5)`

translateModel (*className*)：平坦化模型，优化方程并生成代码。

输入：`TypeNameclass Name`

输出：`Simulatio nObjectres`

typeOf(*variable*)：以字符串的形式返回变量的类型。

输入：`VariableName variable`

输出：`String res`

例子：`typeOf(R1.v)`

val(*variable, timepoint*)：返回仿真变量在时间点 `timepoint` 计算或插值得到的值。用到了最新仿真的结果。

输入：`VariableName variable; Real timepoint`

输出：`Real res`

例 1：`val(x,0)`

例 2：`val(y.field,1.5)`

writeMatrix (*fileName,matrixName,matrix*)：将 matrix 矩阵写入指定文件名和矩阵名的文件中。

输入：`String fileName; String matrixName; Real matrix[:,:]`

输出：`Boolean res`

B.4　OMSHELL 和 DYMOLA

B.4.1　OMShell

OMShell 是 OpenModelica 的一个非常简单的命令行接口。但是推荐初学者使用 OMNotebook，因为它具有更多错误检查的功能。OMShell 具有以下额外的功能：

- 通过 Ctrl + D 快捷键退出 OMShell。

- 使用向上键获得上一条命令。

- 使用向下键获得下一条命令。

- 使用 Tab 键完成 OpenModelica 内置命令的输入。

- 使用 Tab 键循环执行命令。

B.4.2　Dymola 脚本

Dymola 是商业的 Modelica 建模和仿真工具，应用非常广泛。Dymola 的脚本语言和 OpenModelica 的相似（但是也存在区别），最值得注意的是 类 名 和 变 量 名 称 等 字 符 串 的 使 用 ，例 如 Dymola 用 "Modelica.Mechanics" ，而 OpenModelica 脚 本 用 Modelica.Mechanics。

下面是一个 Dymola 脚本文件的示例，用于标准 Modelica 模型库中的 CoupledClutches 实例。Dymola 脚本命令的完整列表请查询 Dymola 用户手册。

```
translateModel("Modelica.Mechanics.Rotational.Examples.Coup
ledClutches")
    experiment(StopTime=1.2)
simulate
plot({"J1.w","J2.w","J3.w","J4.w"});
```

文献

　　Fritzson et al.（2005）对 OpenModelica 进行了概述。程序设计文献（Knuth，1984）是一种编程形式，其中程序与文档在相同的文档中集成。Mathematica（Wolfram，1997）是最早支持文献编程的 WYSIWYG（所见即所得）系统之一。Modelica 在早期都采用这样的记录，例如，在 MathModelica 建模和仿真环境中即是如此，详见 Fritzson(2006)和(2004)之第 19 章。DrModelica 已经开发了用于帮助学习 Modelica 语言和提供面向对象建模和仿真的介绍。DrModelica 关于 Modelica 的图书[Fritzson, 2004]，也是它的补充材料。Dymola（Dassault Systemes，2011）是工业级别的建模和仿真工具。MathModelica（MathCore，2011）是另一个 Modelica 建模和仿真的商业工具。

附录 C

OMNotebook 和 DrModelica 的文本建模

Textual Modeling with OMNotebook and DrModelica

附录 C 展示一些能够被用于建模和仿真的课程中的 Modelica 语言文本建模练习。在 OMNotebook 电子书中运行练习非常简单，它是 OpenModelica 的一部分，可以从 www.openmodelica.org 网站上下载。安装以后，从菜单 OpenModelica->OMNotebook 启动 OMNotebook。OMNotebook 和 OpenModelica 的操作命令见附录 B。

启动 OMNotebook，DrModelica 笔记本会自动打开。开发该笔记本是为了帮助读者学习 Modelica 语言和提供面向对象建模和仿真的介绍。DrModelica 笔记本基于 Fritzson 介绍 Modelica 语言的书籍（2004），其中所有的示例、练习和参考内容的页码都来自这本书。绝大多数 DrModelica 文本也是基于这本书。

后面的练习在任何 Modelica 工具软件里都能使用，练习文件可以从 www.openmodelica.org 网站上本书的网页下载。如果已经使用过 OpenModelica，通过打开 OpenModelica 安装目录下 testmodels 文件夹里的 TextualModelingExercises.onb，访问这些练习，例如，通过双击文件或使用 OMNotebook 中的 File->Open 下拉式菜单命令。

C.1   HELLOWORLD 练习

对下面包含一个微分方程和一个初始化条件的例子进行仿真和绘图。然后改变一下模型，再仿真和绘图。

```
model HelloWorld "A simple equation"
  Real x(start=1);
equation
  der(x)= -x;
end HelloWorld;
```

在输出单元（通过 Ctrl+Shift+I 快捷键创建）中给出一个不完整的仿真命令，例如 simul，按 Shift+Tab 快捷键得到完整的命令，输入名称 HelloWorld，进行仿真。

命令完成之前：

```
simul
```

使用 Shift+Tab 快捷键完成命令之后：

```
simulate(modelname, startTime=0, stopTime=1,
numberOfIntervals=500, tolerance=1e-4)
```

输入 HelloWorld 后：

```
simulate(HelloWorld, startTime=0, stopTime=1,
numberOfIntervals=500, tolerance=1e-4)
```

在输入单元中输入 plot 命令（也可以通过命令完成扩展）：

```
plot(x)
```

使用 `val(variableName, time)` 函数查看变量 x 在 time=0.5 处的插值：

```
val(x,0.5)
```

再查看在 time=0.0 处的值：

```
val(x,0.0)
```

C.2　用 VanDerPol 和 DAEExample 模型运行 DRMODELICA

找到 DrModelica（见 2.1 节）中的 `VanDerPol` 模型，运行它，然后稍微改变模型，再运行。

将仿真的 `stopTime` 设置为 10，然后进行仿真和绘图。

将模型中的 `lambda` 参数修改为 10，然后仿真 50s 并绘图。思考曲线变化的原因。

找到 DrModelica 中的 `DAEExample`，进行仿真和绘图。

C.3　简单方程系统

创建一个 Modelica 模型，求解下面具有初始条件的方程系统，进行仿真，画出结果：

```
ẋ= 2*x*y-3*x
ẏ= 5*y-7*x*y
x(0) = 2
y(0) = 3
```

C.4　BouncingBall 混合建模

在 DrModelica 的混合建模章节(方程参见 2.15 节)找到 BouncingBall 模型，运行它，绘出曲线。然后改变模型，再运行和画出曲线，观察两次仿真结果的不同，如图 C.1 所示。

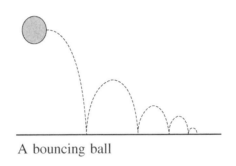

A bouncing ball

图 C.1　弹跳小球

C.5　采样混合建模

创建一个周期为 1s 的方形信号，从 t=2.5s 时开始。采用方程或者算法都可以实现。提示：简单的方式就是使用 sample(...)产生事件，定义一个在每个事件处改变符号的变量。

C.6　方程和算法区域

1. 编写一个函数 sum，针对任意大小的矢量计算实型数的和。

2. 编写一个函数 average，在任意大小的矢量中计算实型数的平均值，函数 average 应该调用函数 sum。

C.7　在电路中添加可连接组件

使用下面的 SimpleCircuit 和 Modelica 标准库组件，在 R2 组件和 R1 组件之间添加一个电容，在 R1 组件和电压组件之间添加一个电感（见图 C.2）。

```
loadModel(Modelica);

model SimpleCircuit
  importModelica.Electrical.Analog;
  Analog.Basic.Resistor R1(R = 10);
  Analog.Basic.Capacitor C(C = 0.01);
  Analog.Basic.Resistor R2(R = 100);
  Analog.Basic.Inductor L(L = 0.1);
  Analog.Sources.SineVoltage AC(V = 220);
  Analog.Basic.Ground G;
equation
  connect(AC.p, R1.p);
  connect(R1.n, C.p);
  connect(C.n, AC.n);
  connect(R1.p, R2.p);
  connect(R2.n, L.p);
  connect(L.n, C.n);
  connect(AC.n, G.p);
end SimpleCircuit;
```

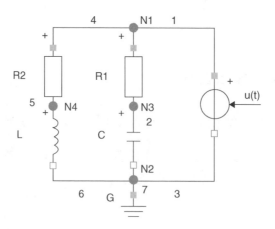

图 C.2　简单电路模型，标记连接节点 N1、N2、N3、N4，以及连接线 1-7

　　这个例子说明文本建模有时候没有图形建模方便。读者可以使用附录 D 介绍的图形建模编辑器验证结果。

C.8　电路的详细建模

　　本练习需要创建一些电子组件，每个组件按照方程描述。如果读者已经熟知这些方程，可以跳过方程介绍部分。

C.8.1　方程

接地元件

$$v_p = 0$$

其中 v_p 是接地元件的电势。

电阻

$$i_p + i_n = 0$$

$$u = v_p - v_n$$

$$u = Ri_p$$

其中 i_p 和 i_n 表示电阻正极和负极流入的电流，v_p 和 v_n 是正负极对应的电势，u 是电阻上的电压，R 是电阻值。

电感

$$i_p + i_n = 0$$

$$u = v_p - v_n$$

$$u = Li'_p$$

其中 i_p 和 i_n 表示电感正极和负极流入的电流，v_p 和 v_n 是正负极对应的电势，u 是电感上的电压，L 是电感值，i'_p 是正极电流的导数。

电压源

$$i_p + i_n = 0$$

$$u = v_p - v_n$$

$$u = V$$

其中 i_p 和 i_n 表示电压源正极和负极流入的电流，v_p 和 v_n 是正负极对应的电势，u 是电压源上的电压，V 是电压常数值。

C.8.2 模型实现

建立上述的模型组件（接地元件、电阻、电感、电压源等），需要定义一个表示电子引脚的类。观察发现定义两引脚电子组件的前两个方程都一样，利用这个发现定义一个抽象模型 TwoPin，用于任何两引脚电子组件。因此，总共需要创建六个组件（Pin、Ground、TwoPin、Resistor、Inductor 和 VoltageSource）。

使用已定义的组件创建一个电路图模型，然后进行仿真，观察电路的性质。

1. 用户自定义类型

首先定义类型 Voltage 和 Current：

```
type Voltage = Real;
type Current = Real;
```

2. Pin

Pin 具有电势变量 v 和电流变量 i。根据基尔霍夫定律，在连接处电势相等，电流的和为零。因此，v 是势变量，i 是流变量：

```
connector Pin
  ...
  ...
end Pin;
```

3. Ground

Ground 组件有一个正极引脚和一个简单方程：

```
model Ground
  Pin p;
equation
  ...
end Ground;
```

4. TwoPin

TwoPin 组件有一个正极引脚、一个负极引脚、电压 u 和电流 i（电流 i 在上述的方程中未出现，只是为了简化符号而引入）。

```
model TwoPin
  Pin p, n;
  ...
  ...
equation
  ...
  ...
  ...
end TwoPin;
```

5. Resistor

继承抽象模型 TwoPin 来定义电阻，我们只需要添加一个参数 R 的声明和表示电压和电流关系的欧姆定律：

```
model Resistor
  extends TwoPin;
  ...
```

```
equation
   ...
end Resistor;
```

没有使用抽象模型的等效模型如下：

```
model Resistor
   ...
   ...
   ...
   ...
   ...
equation
   ...
   ...
   ...
   ...
end Resistor;
```

注意：Modelica 语言中的 extends 语句只是将抽象类的信息进行复制和传递。

6. Inductor

将与电感器的电压和电流以及电感 L 相关的方程式添加到抽象模型中：

```
model Inductor
   ...
   ...
equation
   ...
end Inductor;
```

7. VoltageSource

继承了抽象模型 TwoPin，添加一个简单的方程，约束电压源正负极两端的电压是常数：

```
model VoltageSource
  ...
  ...
equation
  ...
end VoltageSource;
```

C.8.3　搭建电路模型

下面是一个简单电路模型的实例，其中将组件参数初始化为非默认值。

```
model Circuit
  Resistor R1(R=0.9);
  Inductor L1(L=0.01);
  Ground G;
  VoltageSource EE(V=5);
equation
  connect(EE.p, R1.p);
  connect(R1.n, L1.p);
  connect(L1.n, G.p);
  connect(EE.n, G.p);
end Circuit;
```

C.8.4　电路仿真

电路仿真：

```
simulate(Circuit, startTime=0, stopTime=1)
```

可以绘出几个信号的曲线，例如电阻 R1 的电流 R1.i：

```
plot(R1.i)
```

附录 D

图形建模练习

Graphical Modeling Exercises

以下的图形建模示例可以在任何 Modelica 工具的图形建模编辑器中使用。

D.1 简单直流电机

利用 Modelica 标准库搭建具有如图 D.1 所示结构的简单直流电机。

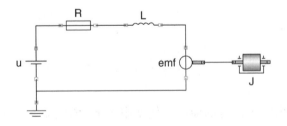

图 D.1 简单直流电机

在图形建模编辑器中保存模型,可以在图形建模编辑器中直接仿真,也可以在 OMShell 或 OMNotebook 中加载模型进行仿真。仿真 15s，把惯量轴输出的旋转速度变量和电压源的电压变量绘在同一幅图中。

提 示　**1**　在 模 型 库 `Modelica.Electrical.Analogue.Basic`、`Modelica.Electrical.Analogue.Sources`、`Modelica.Mechanics.Rotational` 中寻找所需组件。

提 示　**2**　如果很难找到需要绘图的变量名称，可以通过 `instantiateModel` 命令来平坦化模型，将所有变量的名称显示出来。

D.2　具有弹簧和惯量的直流电机

在上述电机的输出轴上连接一个扭矩弹簧和另一个惯量（见图 D.2）。仿真模型，观察结果。调整一些参数，使弹簧刚度变大。

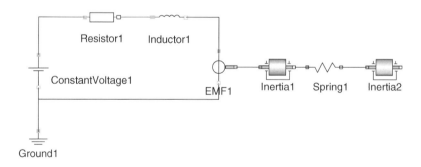

图 D.2　具有弹簧和惯量的直流电机

D.3　具有控制器的直流电机

在系统中加入 PI 控制器，尝试控制输出轴的旋转速度（见图 D.3）。输入一个阶跃信号来验证结果。在图形建模编辑器中通过改变控制器参数来调节 PI 控制器。

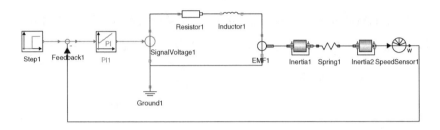

图 D.3　具有控制器的直流电机

D.4　直流电机作为发电机

如果想创建一个混合直流电动机，使它在有限的时间内像发电机一样工作，我们需要什么呢？首先让系统像电动机一样工作 20s，然后在接下来的 20s 内向输出轴施加反向力矩，然后关掉，即一个力矩从 20s 开始起作用，持续 20s。在图形建模编辑器中搭建图 D.4 所示的连接视图，调节 Step1 和 Step2 信号模型的开始时间和信号幅值，以得到想要的力矩脉冲。

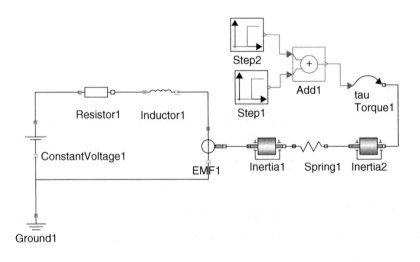

图 D.4　直流电机作为发电机

参考文献

References

[1] Allaby, Michael. Citric acid cycle. A Dictionary of Plant Sciences, 1998.
     http://www.encyclopedia.com/topic/citric_acid.aspx

[2] Allen, Eric, Robert Cartwright and Brian Stoler. DrJava: A Lightweight
     Pedagogic Environment for Java. In Proceedings of the 33rd ACM Technical
     Symposium on Computer Science Education (SIGCSE 2002), Cincinnati, Feb.
     27–Mar. 3, 2002.

[3] Andersson, Mats. Combined Object-Oriented Modelling in Omola. In
     Stephenson (ed.), Proceedings of the 1992 European Simulation
     Multiconference (ESM'92), York, UK,Society for Computer Simulation
     International, June 1992.

[4] Andersson, Mats. Object-Oriented Modeling and Simulation of Hybrid Systems,
     Ph.D. thesis, Department of Automatic Control, Lund Institute of Technology,
     Lund, Sweden, 1994.

[5] Arnold, Ken and James Gosling. The Java Programming Language,
     Addison-Wesley, Reading, MA, 1999.

[6] Ashby, W. Ross. An Introduction to Cybernetics, Chapman & Hall, London,
     1956, p. 39.

[7] Å ström, Karl-Johan, Hilding Elmqvist and Sven-Erik Mattsson. Evolution of
     Continuous-Time Modeling and Simulation. In Zobel and Moeller (eds.),
     Proceedings of the 12th European Simulation Multiconference (ESM'98), pp.
     9–18, Society for Computer Simulation International, Manchester, UK, 1998.

[8] Augustin, Donald C., Mark S. Fineberg, Bruce B. Johnson, Robert N. Linebarger, F. John Sansom and Jon C. Strauss. The SCi Continuous System Simulation Language (CSSL). Simulation, 9: 281–303, 1967.

[9] Assmann, Uwe. Invasive Software Composition, Springer Verlag, Berlin, 1993.

[10] Bachmann, Bernard (ed.). Proceedings of the 6th International Modelica Conference. Available at www.modelica.org. Bielefeld University, Bielefeld, Germany, March 3-4, 2008.

[11] Birtwistle, G. M., Ole Johan Dahl, B. Myhrhaug and Kristen Nygaard. SIMULA BEGIN . Auerbach Publishers, Inc., Boca Raton, FL, 1973.

[12] Brenan, K., S. Campbell and L. Petzold. Numerical Solution of Initial-Value Problems in Ordinary Differential-Algebraic Equations. North Holland Publishing, New York, 1989.

[13] Booch, Grady. Object Oriented Design with Applications. Benjamin/Cummings, 1991.

[14] Booch, Grady. Object-Oriented Analysis and Design, Addison-Wesley, 1994.

[15] Brück, Dag, Hilding Elmqvist, Sven-Erik Mattsson and Hans Olsson. Dymola for Multi-Engineering Modeling and Simulation. In Proceedings of the 2nd International Modelica Conference, Oberpfaffenhofen, Germany, Mar. 18–19, 2002.

[16] Bunus, Peter, Vadim Engelson and Peter Fritzson. Mechanical Models Translation and Simulation in Modelica. In Proceedings of Modelica Workshop 2000, Lund University, Lund, Sweden, Oct. 23–24, 2000.

[17] Casella, Francesco (ed.). Proceedings of the 7th International Modelica Conference. Available at www.modelica.org. Como, Italy, March 3–4, 2009.

[18] Cellier, Francois E. Combined Continuous/Discrete System Simulation by Use of Digital Computers: Techniques and Tools. Ph.D. thesis, ETH, Zurich, 1979.

[19] Cellier, Francois E., Continuous System Modelling, Springer Verlag, Berlin, 1991.

[20] Clauß, Christoph. Proceedings of the 8th International Modelica Conference. Available at www.modelica.org. Dresden, Germany, March 20–22, 2011.

[21] Davis, Bill, Horacio Porta and Jerry Uhl. Calculus & Mathematica Vector

Calculus:Measuring in Two and Three Dimensions. Addison-Wesley, Reading, MA, 1994.

[22] Dynasim AB. Dymola—Dynamic Modeling Laboratory, Users Manual, Version 5.0. Dynasim AB, Lund, Sweden, Changed 2010 to Dassault Systemes, Sweden. www.3ds.com/products/catia/portfolio/dymola, 2003.

[23] Elmqvist, Hilding. A Structured Model Language for Large Continuous Systems. Ph.D. thesis, TFRT-1015, Department of Automatic Control, Lund Institute of Technology, Lund, Sweden, 1978.

[24] Elmqvist, Hilding and Sven-Erik Mattsson. A Graphical Approach to Documentation and Implementation of Control Systems. In Proceedings of the Third IFAC/IFIP Symposium on Software for Computer Control (SOCOCO'82), Madrid, Spain. Pergamon Press, Oxford, 1982.

[25] Elmqvist, Hilding, Francois Cellier and Martin Otter. Object-Oriented Modeling of Hybrid Systems. In Proceedings of the European Simulation Symposium (ESS'93). Society of Computer Simulation, 1993.

[26] Elmqvist, Hilding, Dag Bruck and Martin Otter. Dymola—User's Manual. Dynasim AB, Research Park Ideon, SE-223 70, Lund, Sweden, 1996.

[27] Elmqvist, Hilding, and Sven-Erik Mattsson. Modelica: The Next Generation Modeling Language—An International Design Effort. In Proceedings of First World Congress of System Simulation, Singapore, Sept. 1–3, 1997.

[28] Elmqvist, Hilding, Sven-Erik Mattsson and Martin Otter. Modelica—A Language for Physical System Modeling, Visualization and Interaction. In Proceedings of the 1999 IEEE Symposium on Computer-Aided Control System Design (CACSD'99), Hawaii, Aug. 22–27, 1999.

[29] Elmqvist, Hilding, Martin Otter, Sven-Erik Mattsson and Hans Olsson. Modeling, Simulation, and Optimization with Modelica and Dymola. Book draft, 246 pages. Dynasim AB, Lund, Sweden, Oct. 2002.

[30] Engelson, Vadim, Håkan Larsson and Peter Fritzson. A Design, Simulation, and Visualization Environment for Object-Oriented Mechanical and Multi-Domain Models in Modelica. In Proceedings of the IEEE International Conference on Information Visualization, pp. 188–193, London, July 14–16, 1999.

[31] Ernst, Thilo, Stephan Jähnichen and Matthias Klose. The Architecture of the Smile/M Simulation Environment. In Proceedings 15th IMACS World Congress on Scientific Computation, Modelling and Applied Mathematics, Vol.6, Berlin, Germany, pp. 653–658. See also http://www.first.gmd.de/smile/smile0.html, 1997.

[32] Fauvel, John, Raymond Flood, Michael Shortland and Robin Wilson. LET NEWTON BE! A New Perspective on His Life and Works, Second Edition. Oxford University Press, Oxford, 1990.

[33] Felleisen, Matthias, Robert Bruce Findler, Matthew Flatt and Shiram Krishnamurthi. The DrScheme Project: An Overview. In Proceedings of the ACM SIGPLAN 1998 Conference on Programming Language Design and Implementation (PLDI'98), Montreal, Canada, June 17–19, 1998.

[34] Fritzson, Dag and Patrik Nordling. Solving Ordinary Differential Equations on Parallel Computers Applied to Dynamic Rolling Bearing Simulation. In Parallel Programming and Applications, P. Fritzson, and L. Finmo (eds.), IOS Press, 1995.

[35] Fritzson, Peter and Karl-Fredrik Berggren. Pseudo-Potential Calculations for Expanded Crystalline Mercury, Journal of Solid State Physics, 1976.

[36] Fritzson, Peter. Towards a Distributed Programming Environment based on Incremental Compilation. Ph.D. thesis, 161 pages. Dissertation no. 109, Linköping University, Apr. 13, 1984.

[37] Fritzson, Peter and Dag Fritzson. The Need for High-Level Programming Support in Scientific Computing—Applied to Mechanical Analysis. Computers and Structures, 45(2): 387–295, 1992.

[38] Fritzson, Peter, Lars Viklund, Johan Herber and Dag Fritzson. Industrial Application of Object-Oriented Mathematical Modeling and Computer Algebra in Mechanical Analysis, In Proceedings of TOOLS EUROPE'92, Dortmund, Germany, Mar. 30–Apr. 2. Prentice Hall, 1992.

[39] Fritzson, Peter, Lars Viklund, Dag Fritzson and Johan Herber. High Level Mathematical Modeling and Programming in Scientific Computing, IEEE Software, pp. 77–87, July 1995.

[40] Fritzson, Peter and Vadim Engelson. Modelica—A Unified Object-Oriented Language for System Modeling and Simulation. Proceedings of the 12th European Conference on Object-Oriented Programming (ECOOP'98), Brussels, Belgium, July 20–24, 1998.

[41] Fritzson, Peter, Vadim Engelson and Johan Gunnarsson. An Integrated Modelica Environment for Modeling, Documentation and Simulation. In Proceedings of Summer Computer Simulation Conference '98, Reno, Nevada, July 19–22, 1998.

[42] Fritzson, Peter (ed.). Proceedings of SIMS'99—The 1999 Conference of the Scandinavian Simulation Society, Linköping, Sweden, Oct. 18–19, 1999. Available at www.scansims.org.

[43] Fritzson, Peter (ed.). Proceedings of Modelica 2000 Workshop, Lund University, Lund, Sweden, Oct. 23–24, 2000. Available at www.modelica.org.

[44] Fritzson, Peter and Peter Bunus. Modelica—A General Object-Oriented Language for Continuous and Discrete-Event System Modeling and Simulation. Proceedings of the 35th Annual Simulation Symposium, San Diego, California, Apr. 14–18. 2002.

[45] Fritzson, Peter, Peter Aronsson, Peter Bunus, Vadim Engelson, Henrik Johansson, Andreas Karström and Levon Saldamli. The Open Source Modelica Project. In Proceedings of the 2nd International Modelica Conference, Oberpfaffenhofen, Germany, Mar. 18–19, 2002.

[46] Fritzson Peter, Mats Jirstrand and Johan Gunnarsson. MathModelica—An Extensible Modeling and Simulation Environment with Integrated Graphics and Literate Programming. In Proceedings of the 2nd International Modelica Conference, Oberpfaffenhofen, Germany, Mar. 18–19, 2002. Available at www.ida.liu.se/labs/pelab/modelica/ and at www.modelica.org.

[47] Fritzson, Peter (ed.). Proceedings of the 3rd International Modelica Conference. Linköping University, Linköping, Sweden, Nov 3–4, 2003. Available at www.modelica.org.

[48] Fritzson Peter. Principles of Object Oriented Modeling and Simulation with Modelica 2.1 , Wiley-IEEE Press, Hoboken, NJ, 2004

[49] Fritzson Peter, Peter Aronsson, Håkan Lundvall, Kaj Nyström, Adrian Pop, Levon Saldamli and David Broman. The Open Modelica Modeling, Simulation, and Software Development Environment. In Simulation News Europe, 44/45, December 2005. See also: http://www.openmodelica.org

[50] Fritzson, Peter. MathModelica—An Object Oriented Mathematical Modeling and Simulation Environment. Mathematica Journal 10(1), February. 2006.

[51] Fritzson, Peter. Electronic Supplementary Material to Introduction to Modeling and Simulation of Technical and Physical Systems with Modelica. www.openmodelica.org, July 2011.

[52] Gottwald, S., W. Gellert (Contributor), and H. Kuestner (Contributor). The VNR Concise Encyclopedia of Mathematics. Second edition, Van Nostrand Reinhold, New York, 1989.

[53] Hairer, E., S. P. Nørsett and G. Wanner. Solving Ordinary Differential Equations I. Nonstiff Problems, Second Edition. Springer Series in Computational Mathematics, Springer Verlag, Berlin, 1992.

[54] Hairer, E. and G. Wanner. Solving Ordinary Differential Equations II. Stiff and Differential-Algebraic Problems. Springer Series in Computational Mathematics, Springer Verlag, Berlin, 1991.

[55] Hyötyniemi, Heikki. Towards New Languages for Systems Modeling. In Proceedings of SIMS 2002, Oulu, Finland, Sept. 26–27, 2002, Available at www.scansims.org.

[56] IEEE. Std 610.3–1989. IEEE Standard Glossary of Modeling and Simulation Terminology, 1989.

[57] IEEE Std 610.12–1990. IEEE Standard Glossary of Software Engineering Terminology, 1990.

[58] IEEE Std 1076.1–1999. IEEE Computer Society Design Automation Standards Committee, USA. IEEE Standard VHDL Analog and Mixed-Signal Extensions, Dec. 23, 1999.

[59] Knuth, Donald E. Literate Programming. The Computer Journal, 27(2): 97–111, May 1984.

[60] Kral, Christian and Anton Haumer. Proceedings of the 6th International

Modelica Conference. Available at www.modelica.org. Vienna, Austria, Sept 4–6, 2006.

[61] Kågedal, David and Peter Fritzson. Generating a Modelica Compiler from Natural Semantics Specifications. In Proceedings of the Summer Computer Simulation Conference'98, Reno, Nevada, July 19–22 1998.

[62] Lengquist Sandelin, Eva-Lena and Susanna Monemar. DrModelica—An Experimental Computer-Based Teaching Material for Modelica. Master's thesis, LITH-IDAEx03/3, Department of Computer and Information Science, Linköping University, Linköping, Sweden, 2003.

[63] Lengquist Sandelin, Eva-Lena, Susanna Monemar, Peter Fritzson and Peter Bunus. DrModelica—A Web-Based Teaching Environment for Modelica. In Proceedings of the 44th Scandinavian Conference on Simulation and Modeling (SIMS'2003),Västerås, Sweden, Sept. 18–19, 2003. Available at www.scansims. org.

[64] Ljung, Lennart and Torkel Glad. Modeling of Dynamic Systems, Prentice Hall, 1994.

[65] MathCore Engineering AB. Home page: www.mathcore.com. MathCore Engineering AB, Linköping, Sweden, 2003.

[66] MathWorks Inc. Simulink User's Guide, 2001.

[67] MathWorks Inc. MATLAB User's Guide, 2002.

[68] Mattsson, Sven-Erik, Mats Andersson and Karl-Johan Å ström. Object-Oriented Modelling and Simulation. In Linkens (ed.), CAD for Control Systems, Chapter 2, pp. 31–69. Marcel Dekker, New York, 1993.

[69] Meyer, Bertrand. Object-Oriented Software Construction, Second Edition, Prentice-Hall, Englewood Cliffs, 1997.

[70] Mitchell, Edward E. L. and Joseph S. Gauthier. ACSL: Advanced Continuous Simulation Language—User Guide and Reference Manual. Mitchell & Gauthier Assoc., Concord, Mass, 1986.

[71] Modelica Assocation. Home page: www.modelica.org. Last accessed 2010.

[72] Modelica Association. Modelica—A Unified Object-Oriented Language for Physical Systems Modeling: Tutorial and Design Rationale Version 1.0, Sept.

1997.

[73] Modelica Association. Modelica—A Unified Object-Oriented Language for Physical Systems Modeling: Tutorial, Version 1.4., Dec. 15, 2000. Available at http://www.modelica.org

[74] Modelica Association. Modelica—A Unified Object-Oriented Language for Physical Systems Modeling: Language Specification Version 3.2., March 2010. Available at http://www.modelica.org

[75] ObjectMath Home page: http://www.ida.liu.se/labs/pelab/omath.

[76] OpenModelica page: http://www.openmodelica.org.

[77] Otter, Martin, Hilding Elmqvist, and Francois Cellier. Modeling of Multibody Systems with the Object-Oriented Modeling Language Dymola, Nonlinear Dynamics, 9, pp. 91–112. Kluwer Academic Publishers, 1996.

[78] Otter, Martin. Objektorientierte Modellierung Physikalischer Systeme, Teil 1: Übersicht. In Automatisierungstechnik, 47(1): A1–A4. 1999. In German, the first in a series of 17 articles, 1999.

[79] Otter, Martin (ed.) Proceedings of the 2nd International Modelica Conference. Available at www.modelica.org. Oberpfaffenhofen, Germany, Mar. 18–19, 2002.

[80] Otter, Martin, Hilding Elmqvist and Sven-Erik Mattsson. The New Modelica Multi-Body Library. Proceedings of the 3rd International Modelica ConferenceLinköping, Sweden, Nov 3–4, 2003. Available at www.modelica.org

[81] PELAB. Page on Modelica Research at PELAB, Programming Environment Laboratory, Dept. of Computer and Information Science, Linköping University, Sweden, 2003. Available at www.ida.liu.se/labs/pelab/modelica,

[82] Piela, P. C., T. G. Epperly, K. M. Westerberg, and A. W. Westerberg. ASCEND—An Object-Oriented Computer Environment for Modeling and Analysis: The Modeling Language, Computers and Chemical Engineering, 15(1): 53–72, 1991. Web page: (http://www.cs.cmu.edu/~ascend/Home.html)

[83] Pritsker, A. and B. Alan. The GASP IV Simulation Language.Wiley, New York, 1974.

[84] Rumbaugh, J. M., M. Blaha, W. Premerlain, F. Eddy and W. Lorensen. Object Oriented Modeling and Design. Prentice-Hall, 1991.

[85] Sahlin, Per. and E. F. Sowell. A Neutral Format for Building Simulation Models. In Proceedings of the Conference on Building Simulation, IBPSA, Vancouver, Canada, 1989.

[86] Sargent, R. W. H. and Westerberg, A. W.Speed-Up in Chemical Engineering Design, Transaction Institute in Chemical Engineering, 1964.

[87] Schmitz, Gerhard (ed.). Proceedings of the 4th International Modelica Conference. Available at www.modelica.org. Technical University Hamburg-Harburg, Germany, March 7–8, 2005.

[88] Shumate, Ken and Marilyn Keller. Software Specification and Design: A Disciplined Approach for Real-Time Systems. Wiley, New York, 1992.

[89] Stevens, Richard, Peter Brook, Ken Jackson and Stuart Arnold. Systems Engineering: Coping with Complexity. Prentice-Hall, London, 1998.

[90] Szyperski, Clemens. Component Software—Beyond Object-Oriented Programming. Addison-Wesley, Reading, MA, 1997.

[91] Tiller, Michael. Introduction to Physical Modeling with Modelica. Kluwer, Amsterdam, 2001.

[92] Viklund Lars, and Peter Fritzson. ObjectMath—An Object-Oriented Language and Environment for Symbolic and Numerical Processing in Scientific Computing, Scientific Programming, 4: 229–250, 1995.

[93] Wolfram, Stephen. The Mathematica Book. Wolfram Media Inc, 1997.

[94] Wolfram, Stephen. A New Kind of Science. Wolfram Media Inc, 2002.